Hobby

Drachen

bauen und steigen lassen

Wolfgang Schimmelpfennig

Hobby Drachen

bauen und steigen lassen

FALKEN VERLAG

Inhalt

Einleitung

Woran mag es liegen, daß die Zahl der Drachenenthusiasten in den letzten Jahren sich vervielfacht hat, daß Drachenclubs gegründet sowie Drachenfestivals an vielen Orten veranstaltet werden?
Seit mehr als 2400 Jahren übt der Drachen eine Faszination auf seinen Piloten und Betrachter aus. Die Überwindung der Schwerkraft galt und gilt als Symbol für Freiheit und Unabhängigkeit. Unvergleichlich in der Aerodynamik nutzt der Drachen die Energie des Windes, um scheinbar schwerelos am Himmel zu schweben. Nur ein leises Surren der Leine verrät, daß Auftrieb und Schwerkraft um Vorherrschaft ringen.
Zuerst waren es die Chinesen, später weitere ostasiatische Länder, bei denen der Drachen eine religiöse, gar mystische Rolle spielte. In Asien ist der Drachen einer alten Tradition nach Spiel- und Sportgerät für freundschaftliche Wettkämpfe geblieben, während er in der westlichen Welt für wissenschaftliche Experimente bis hin zum bemannten Motorflug diente.
Die Anziehungskraft der Drachen heute liegt im Bauen und Steigenlassen, verbunden mit der Möglichkeit unbegrenzter Kreativität sowie einer spielerisch-sportlichen Freizeitgestaltung. Der Anblick eines hoch fliegenden Drachens löst ein Gefühl von Freiheit aus.
Das Bauen von Drachen hat bei uns eine lange Tradition. Nachdem der erste Flachdrachen im 15. Jahrhundert erfunden wurde, hat er bis heute nicht an Popularität eingebüßt. Neue Materialien ermöglichen heute die Konstruktion von weitaus komplexeren Drachen, bei denen aber immer das sichere Flugverhalten im Vordergrund stehen muß, denn das Gefühl der Freude über den selbstgebauten Drachen stellt sich erst bei der Kombination aus Gestaltung und Flugleistung ein.
Die in diesem Buch vorgestellten Drachen wurden, mit Ausnahme des Sechseckgespanns, von mir gebaut und geflogen. Dabei reicht die Auswahl von den Flachdrachen über Kasten- und flexible Drachen bis hin zu den immer populärer werdenden Lenkdrachen, deren Piloten auf Meisterschaften ihr Geschick beweisen können, und den Drachenketten, deren Attraktivität immer wieder bestätigt wird.
An dieser Stelle möchte ich meinen Freunden Bernhard und Hajo für ihre Unterstützung danken.

Der Autor mit einem »Doppel-Eddy-Flaero-Train«

Geschichte des Drachens

Bei dem Versuch, die Geschichte des Drachens nachzuvollziehen, stößt man auf viele Legenden und Theorien, die von Generation zu Generation überliefert wurden. Zweifellos ist der Ursprung der Drachen in Asien zu finden. Noch heute ist dort, wie vor über 2000 Jahren, der Drachen eng mit der Religion und Mythologie der Bevölkerung verbunden. Der hinduistische Glaube der Balinesen geht davon aus, daß das Drachenfliegen ein Lieblingshobby ihrer Götter war. Noch heute geht kein großer Wettkampfdrachen auf seinen Jungfernflug, bevor er nicht in einer aufwendigen Zeremonie von einem Priester geweiht wurde.

China ist allgemein bekannt als das Ursprungsland der Drachen. Bereits 400 v. Chr. soll dort der erste hölzerne Drachen in Form eines Vogels geflogen sein. Zu dieser Zeit wurde der Drachen zu strategischen Zwecken (Signalisation oder Nachrichtenübermittlung) verwendet. Eine bekannte chinesische Erzählung berichtet von dem General Han Hsin, der 196 v. Chr. einen Palast belagerte. Mit einem Drachen ermittelte er die Distanz zwischen seinen Truppen und den Palastmauern. Er ließ einen Tunnel bauen und ermöglichte so seinen Truppen die Invasion.

Da zu der Zeit das Papier noch nicht erfunden war, baute man die Drachen aus Stoff. Es ist anzunehmen, daß schon die frühen chinesischen Drachen in der Lage waren, Menschen zu tragen und, mit Summern ausgerüstet, zur Abschreckung von Feinden dienten.

Kurz nach dem Erscheinen des Drachens in China wurde er durch die damaligen Handelsrouten über die Welt, mit Ausnahme des amerikanischen Kontinents, verteilt.

1. Korea und Japan etwa 700 n. Chr. 2. Malaysia, Indonesien und der pazifische Raum vor 2000 Jahren. 3. Über Indien nach Nordafrika, vor ca. 1500 Jahren. 4. Nach Europa im Mittelalter. Gestrichelte Linien: möglicher Einfluß auf Europa durch die Mongolen oder über Nordafrika.

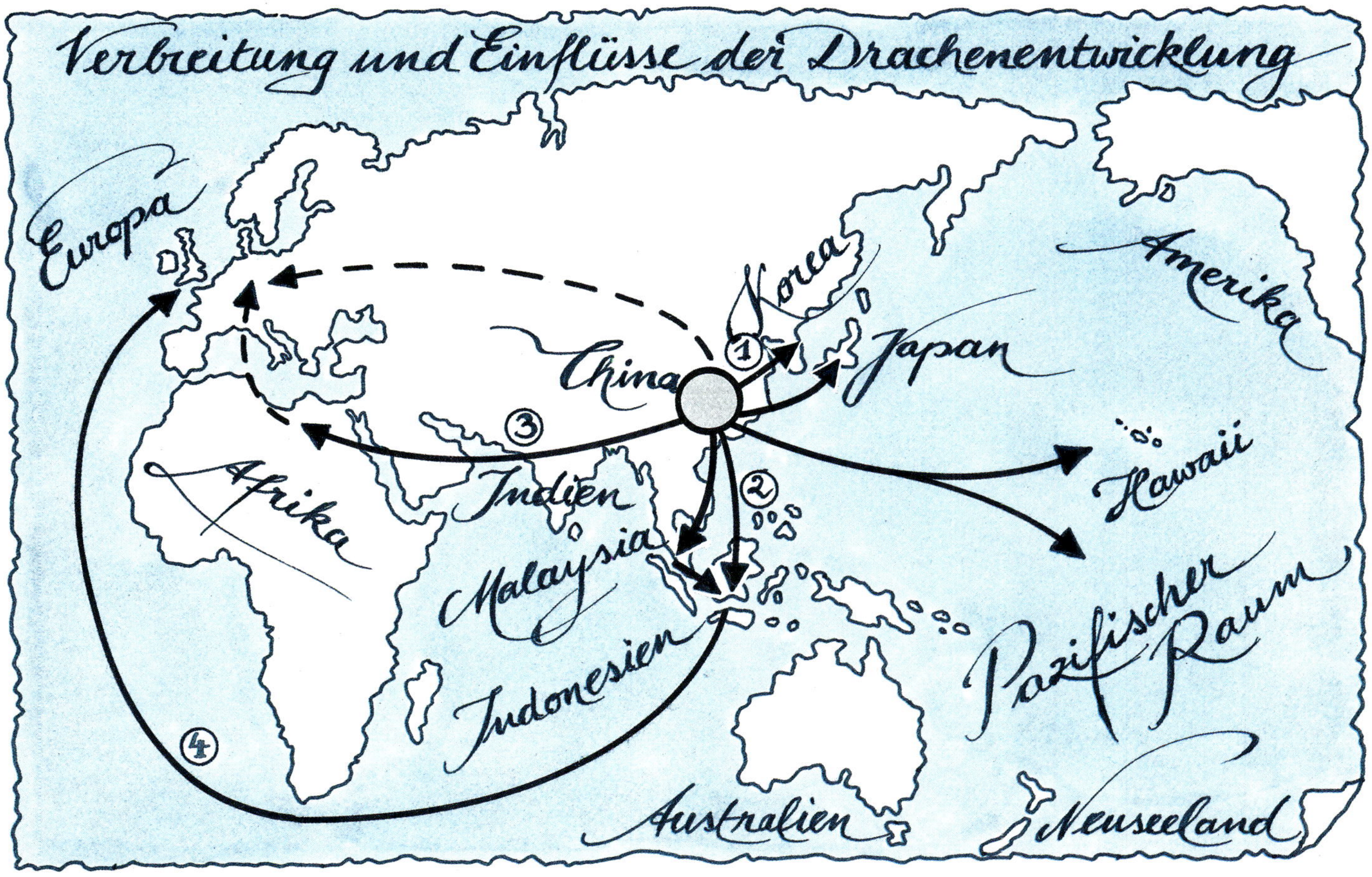

Korea und Japan

Obwohl die Drachen von China nach Korea kamen, hat es auch dort eigenständige Entwicklungen gegeben. Eine amüsante Geschichte berichtet vom General Gim Yu-Sin, der im 7. Jahrhundert lebte. Er hatte den Auftrag, eine Rebellion zu zerschlagen. Eines Nachts sahen seine Soldaten einen Stern vom Himmel fallen. Sie glaubten an ein schlechtes Omen und an die Vernichtung ihrer Königin. Um die Moral seiner Truppen zu stärken, konstruierte der General Gim Yu-Sin einen Drachen, mit dem er einen Feuerball gen Himmel steigen ließ. Mit dem zurückgewonnenen Mut seiner Krieger – sie glaubten, der Stern sei wieder zum Himmel gestiegen – besiegte der General die Rebellen.

Die Koreaner bauen traditionell nur einen rechteckigen Kampfdrachentyp mit einem Loch in der Mitte. Baumaterial ist Bambus und Papier. Dieser Drachentyp ist besonders wendig und eignet sich darum ausgezeichnet für Drachenspiele aller Art. Diese Spiele gehen in Korea bis in das 7. Jahrhundert zurück. Es sind Wettbewerbe, die immer in den ersten beiden Wochen des neuen Mondjahres stattfinden. Zum Abschluß dieses Drachenfestes läßt man Drachen mit der Aufschrift steigen: »Mögen alle Sorgen des vergangenen Jahres mit diesem Drachen davonfliegen«.

Die Existenz von Drachen wird in der Geschichte Japans 713 zum erstenmal erwähnt. Von China kommend, wurden sie auch dort oft zur Nachrichtenübermittlung eingesetzt. Am Anfang waren nur wohlhabende Samurais in der Lage, sich Drachen aus dem teuren Papier zu bauen.

Später, mit Hilfe neuartiger Techniken wie Holzdruck, wurde der Drachen populärer. Die japanischen Drachen wurden seit jeher mit aufwendigen Farbmotiven dekoriert. Sie wurden bei Kriegen, Belagerungen und Diebstählen zur Beförderung von Personen eingesetzt. In den unruhigen Kriegsjahren des 15. und 16. Jahr-

Wau Bulan aus Malaysia

hunderts verlor der Drachen an Bedeutung, die aber in den folgenden Jahren wieder wuchs. Heute zählt man 87 historische Drachenzentren über das ganze Land verteilt. Die Stadt Niigata und ihre Umgebung ist eines dieser historischen Gebiete. Mit Beginn des 18. Jahrhunderts wurde das Drachenfliegen in Shirone, Sanjo und Imamachi populär, und seit dieser Zeit werden dort Drachenwettkämpfe durchgeführt. Ihren Ursprung haben diese Wettkämpfe in Machtkämpfen von Großgrundbesitzern, die zu beiden Seiten von Flüssen ihre Reisfelder besaßen. Traditionell werden diese Kämpfe mit dem etwa 3 m großen Rokkaku-dako oder dem riesigen O-dako durchgeführt. Diese Kampfdrachen werden von beiden Seiten der Flußufer geflogen. Die Drachen fliegen über dem Fluß, und jedes Drachenteam versucht, des Gegners Leine zu durchtrennen. Dieses 200 Jahre alte Drachenspektakel hatte einen willkommenen Nebeneffekt: Die meist mangelhaft befestigten Uferdeiche wurden häufig bei starken Regenfällen weggeschwemmt. Das heftige Stampfen der Mannschaften beim Fliegen ihrer Kampfdrachen befestigte die Ufer.

Malaysia und Indonesien

Die Drachen sind wohl auf ihrer Reise von China nach Indonesien auch in Malaysia verbreitet worden. In den Anfängen werden es die Fischdrachen gewesen sein, die, aus Palmenblättern gebaut, von den Küstenbewohnern geflogen wurden. Diese Drachen flog man in Indonesien sowie im pazifischen Raum und benutzte sie, mit einer Leine und einem Haken versehen, zum Fischfang. Seit dem 15. Jahrhundert werden in Malaysia Drachenwettkämpfe durchgeführt. Im Gegensatz zu den japanischen Kämpfen, wo das Durchtrennen der Leinen im Vordergrund steht, werden in Malaysia die Dekoration, Flugleistung und der höchste Flug bewertet.
Der in Europa verbreitete Eddy-Drachen hat im malayischen Bogendrachen einen nahen Verwandten. Dieser Drachentyp

wird seit vielen Jahrhunderten in Malaysia und im indonesischen Raum geflogen. Das Drachenfliegen findet hauptsächlich zur Zeit des Nordostmonsums auf den abgeernteten Reisfeldern statt. Heutzutage ist der Wau Bulan der populärste malaysische Drachen. Er wird vorwiegend in der nordöstlichen Provinz Kelantan produziert.
Das Steigenlassen von Drachen ist seit Jahrhunderten Volkssport in Indonesien. Auch der javanesische Bogendrachen ist

Dieser etwa 8 m große Drachen mit traditionellem Dekor wird an dem alljährlich stattfindenden Drachenwettkampf »Lomba Layang Layang« auf Bali teilnehmen.

mit dem Eddy-Drachen verwandt. Er wird über portugiesische, englische oder holländische Handelsrouten im 19. Jahrhundert nach Europa gekommen sein.
Eine Variante des japanischen Kampfdrachens ist in der indonesischen Inselwelt seit Jahrhunderten weit verbreitet. Nirgendwo habe ich so viele Drachen wie auf der Insel Bali fliegen sehen. Zu jeder Jahres- oder Tageszeit fliegen Drachen über den Reisfeldern oder Dörfern.
Das Drachenfliegen erfüllt auf Bali mit langer Tradition auch einen praktischen Zweck. Die Reisbauern fliegen große, raubvogelartige Drachen über ihren Feldern, um den Reis vor nimmersatten Sperlingsschwärmen zu schützen. In den schmalen Gassen der Dörfer lassen Kinder zwischen einem Gewirr von Stromleitungen ihre Kampfdrachen steigen.
Das Bauen von Drachen auf Bali ist stark mit dem hinduistischen Glauben verbunden. Grundlage vieler Drachenmotive ist die Geschichte von Ramayana, in der es um Götter, Könige und eine entführte Prinzessin geht.

Thailand

Das Fliegen von Drachen wird in Thailand seit über 700 Jahren als Sportart betrieben. Im Jahre 1358 liebten die Könige der Sukhothai-Periode das Drachenfliegen so sehr, daß sie ihre Amtsgeschäfte vernachlässigten. Daraufhin wurde eine Verordnung erlassen, die das Steigenlassen von Drachen im Palast und seiner Umgebung verbot.
Aber nicht nur zu sportlichen Zwecken wurden in Thailand die Drachen in die Himmel geschickt.
Schon im 17. Jahrhundert begannen die Thais, frachtbeladene Drachen über ihren goldenen Städten einzusetzen. Es war König Petraja, der die Drachen als Träger von Bomben für militärische Operationen benutzte. Er befestigte mit Schwarzpulver gefüllte Fässer an Drachen und ließ diese über den Festungen aufständischer Rebellen explodieren. So wurden viele Verschwörer zur Kapitulation gezwungen.
König Rama II verbreitete zu Beginn des 19. Jahrhunderts das Drachenfliegen als Sportart über das ganze Land. Noch heute werden vor seinem königlichen Palast jedes Jahr, wenn der Südwestmonsun weht, Drachenwettkämpfe durchgeführt. Bei diesem Wettkampf versuchen mehrere weibliche Kampfdrachen (Chula), die Leine eines großen fünfeckigen, männlichen Drachens (Pakpao) zu durchtrennen. Das Fliegen dieser Kampfdrachen ist in Thailand auch zu einem Sport für Könige, Prinzen und Prinzessinnen geworden.
Eine weitere Tradition ist das Steigenlassen von Drachen mit Beginn der Nordost-Monsunzeit. Die Drachen sollen den aufkommenden Wind beschwören, die Regenwolken zu vertreiben, um bei sonnigem Wetter eine ertragreiche Ernte zu garantieren.

Europa

Da es keine verläßlichen Aussagen über die Erfindung des Drachens in Europa gibt, wird davon ausgegangen, daß er über europäische Seefahrer »importiert« wurde. Eine Theorie existiert, in der dem Griechen Archytas (400 n. Chr.) die Erfindung einer hölzernen Taube nachgesagt wird.
Die Geschichte der europäischen Drachen beginnt mit dem Fliegen von Windsäcken. Bereits zur Zeit des römischen Imperiums befestigten Soldaten diese einem Drachen ähnlichen, luftgefüllten Banner an Stäben, um ihre Feinde abzuschrecken. Bis über das Mittelalter hinaus wurden diese feuerspeienden Drachen in Europa und Asien bei militärischen Aktivitäten eingesetzt. Der Schritt vom luftgefüllten Banner zum fliegenden Drachen ist nicht groß. So zeigt die erste bekannte Illustration eines europäischen Drachens (1326) einen mit Flügeln ausgerüsteten Windsack.
Die wohl bekannteste Abbildung eines fliegenden Drachens erscheint in einem Buch von Conrad Kyeser zu Beginn des 15. Jahrhunderts. Diese Illustration zeigt einen frei fliegenden Drachen mit Haspel, Leine und der schematischen Darstellung der Waage.
Die Erfindung des flächigen sogenannten Wimpeldrachens hat im 14. und 15. Jahrhundert stattgefunden. Waren die Drachen am Anfang noch rechteckig und mit einem breiten Schwanz versehen, so kamen Mitte des 17. Jahrhunderts die gebogenen und rhomboiden Drachen hinzu.
In seiner maßgeblichen Studie über die Geschichte des Drachens »Kites an historical survey« bespricht Clive Hart die Tatsache, daß der Drachen bis zu Beginn des 18. Jahrhunderts keine entscheidende Rolle für Entwicklungen der Luftschiffahrt gespielt hat. Im Gegensatz zu den asiatischen Ländern, wo der Drachen fester Bestandteil sportlicher Veranstaltungen war, bleibt er in Europa Spielgerät für Erwachsene und Kinder.
Gegen Mitte des 18. Jahrhunderts wird der Drachen populärer. In Frankreich kommt es 1736 zu Ausschreitungen konkurrierender Drachenteams, so daß auf öffentlichen Plätzen das Drachenfliegen verboten wird.
Im Jahre 1752 machte Benjamin Franklin eine für die Wissenschaft wichtige Entdeckung. Er ließ bei aufkommendem Gewitter Drachen steigen, um zu beweisen, daß die elektrische Ladung der Wolken mit der elektrischen Ladung einer durch Reibung aufgeladenen Glaskugel identisch ist. Die Energie einschlagender Blitze in seinen diamantförmigen Drachen wurde über die Leine zum Boden geleitet. Sie war in der Lage, Alkohol zu entzünden, oder man konnte andere Experimente mit ihr durchführen.
Mitglieder des in Philadelphia gegründeten »Franklin Kite Club« benutzten in den folgenden Jahren den Drachen für elektrische und meteorologische Messungen. Die bis dahin für diese Zwecke eingesetzten Ballons wurden häufig durch starke Winde niedergedrückt und waren für Messungen der Windgeschwindigkeit ungeeignet.
Durch das erfolgreiche Experimentieren mit Drachen war man im ersten Drittel des 19. Jahrhunderts in der Lage, personentragende Drachen zu bauen. Im Jahre 1825 ließ der Engländer George Pocock seine erwachsene Tochter von einem Drachen 100 m in die Höhe ziehen. Später ließ er von Drachensystemen gezogene Kutschen über die Landstraßen Südenglands rollen. Diese Kutschen waren in der Lage, 4 bis 5 Personen mit einer Geschwindigkeit von 30 km/h zu befördern. Straßenzölle wurden für drachengezogene Wagen nicht erhoben.
Auch zur Rettung Schiffbrüchiger lieferte der Drachen seinen Beitrag. Sir George Nares entwickelte 1861 einen lenkbaren Drachen, der zur Rettung Schiffbrüchiger auch Menschen tragen konnte. Durch die Tatsache, daß die Küste in den meisten Fällen auf der Leeseite eines Schiffwracks lag (denn die in Seenot geratenen Segelschiffe wurden vom Wind an das Ufer getrieben und strandeten), konnte der Drachen erfolgreich eingesetzt werden. Auch in Deutschland wurde mit manntragenden Drachensystemen experimentiert. Um die durch ihre geringe Höhe eingeschränkte Observationsfähigkeit von U-Booten zu verbessern, ließ man im Ersten und Zweiten Weltkrieg bemannte Drachen aufsteigen.
Der in Amerika geborene Samuel Franklin Cody führte zur Zeit der Jahrhundertwende viele Drachenexperimente durch. Auch sein Interesse galt in erster Linie der Menschenbeförderung. Cody lebte in England und bestritt seinen Lebensunterhalt mit einer Truppe Wildwestdarsteller.
Nach einer langen Versuchsreihe entwickelte Cody den Kastendrachen. Er wurde wegen seiner Flügel auch Fledermaus genannt. Bei Codys »Man lifting system« entwickelte nicht ein riesi-

Alfons Czech aus Berlin mit seinem perfekten Cody-Nachbau

Vielzelliger Tetraeder, erfunden von A. G. Bell

ger Drachen die Zugkraft, die erforderlich ist, eine Person anzuheben, sondern ein Gespann aus mehreren Kastendrachen wirkte wie eine Art Himmelsanker in etwa 800 m Höhe. Die Anzahl dieser Zugdrachen war von der Windgeschwindigkeit abhängig. Ein Doppelflügeldrachen diente als eigentlicher Förderdrachen. Er war an einem Rollensystem, das auf der Hauptleine lief, befestigt. Unter dem Rollensystem hing ein Korb, in dem eine Person Platz hatte. Der Pilot konnte nun über verschiedene Leinen den Neigungswinkel des Drachens so verstellen, daß ein Auf- und Abgleiten an der Hauptleine möglich war.
Cody ließ 1901 sein Drachensystem patentieren und begann die englische Admiralität für seinen Einsatz zu interessieren. Er bewies die enorme Zugkraft seines Systems und ließ sich 1903 in einem von Drachen gezogenen Faltboot über den Ärmelkanal ziehen.
Inzwischen wurde in vielen Ländern Europas mit leistungsfähigen Drachen, die auch der Personenbeförderung dienten, experimentiert. Mit anderen Drachen wurden Höhenrekorde aufgestellt, und regelrechte Wettkämpfe waren nötig, um den effektivsten Drachen zu ermitteln. Die bekanntesten Konstrukteure dieser Zeit waren die Engländer B. F. S. Baden Powell (11 m-Riesendrachen) und Charles Brogden (winkelflächiger Flügeldrachen), die Franzosen Sacconey und Madiot (Kastendrachen) und die russischen Offiziere Schreiber und Ulyanin.
Ein bis heute besonders beliebter Drachen wurde von dem Amerikaner William A. Eddy erfunden. Sein 1891 entwickelter Eddy-Bogendrachen wurde später für meteorologische Messungen in besonders großen Höhen eingesetzt. Eddy beschäftigte sich seit seiner Kindheit hauptsächlich mit sechseckigen Drachen. Ab 1887 begann er sich intensiv mit dem Drachen zu befassen.
Sein Ziel war es, einen schwanzlosen, sich selbst stabilisierenden Drachen zu bauen. Das Resultat, sein Eddy-Bogendrachen, war ein echter Fortschritt in der geschichtlichen Entwicklung des Drachenbaus seit der Erfindung des rhomboiden Drachens im Mittelalter.
Obwohl Eddy von der Existenz des javanesischen Bogendrachens wußte, war sein Drachen eine eigenständige Entwicklung. Sein Drachen wies einige Vorteile auf. Er war schwanzlos, und der durch den Mittelholm geformte Kiel sorgte für Stabilität. Durch seine Erfindung wurden auch andere Drachenbauer auf den Bogendrachen aufmerksam, und weitere Modelle entstanden. Eddy hatte einige kuriose Erlebnisse. So wunderten sich die Leute, warum ein erwachsener Mann mit Schnurrbart und Hut Drachen steigen ließ. Einmal kam ein kleiner Junge zu ihm und sagte: »Mein Vater meint, du solltest eigentlich einen Aufseher haben.« Aber der Spötter mußte schnell seine Meinung ändern, als sich Eddys Freund und Arzt ebenfalls für das Steigenlassen von Drachen interessierte.
Etwa zur gleichen Zeit lebte in Amerika der Erfinder des Telefons, Alexander Graham Bell. Bell experimentierte mit einer Reihe verschieden aussehender Drachen.
Wie viele Drachenbauer zu seiner Zeit hatte auch er die Idee, einen Flugapparat zu erfinden, der in der Lage ist, Menschen zu

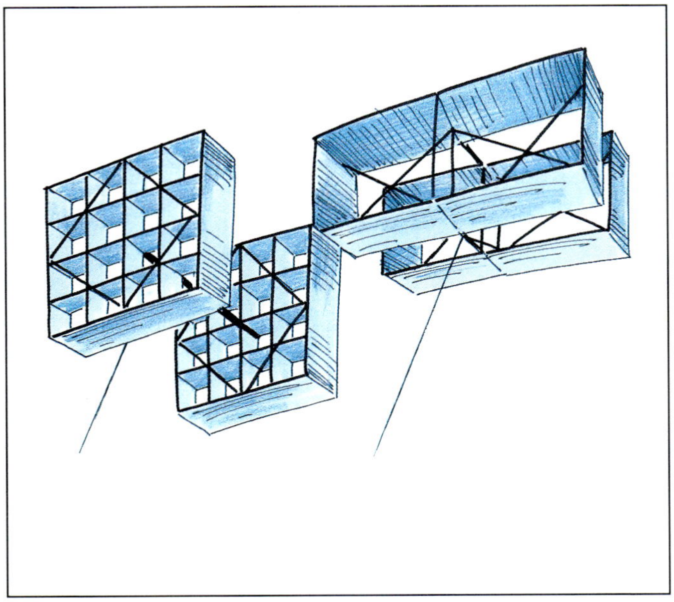

Kastendrachen von Hargrave 1892–1893

Ein Vector-Drachen

befördern. Um mit diesem Drachen weite Strecken zu überwinden, sollte er mit Motor und Propeller ausgerüstet werden. Seine wohl bemerkenswerteste Erfindung war der auch heute noch von vielen Drachenbauern geflogene Tetraederdrachen. 1907 schuf Bell einen 3393zelligen Tetraeder. Dieser mit Seide bespannte Riesendrachen mußte von einem Dampfboot gestartet werden. Der Drachen war mit Schwimmkörpern versehen. Bei seinem bemannten Jungfernflug im Dezember 1907 flog er sieben Minuten in einer Höhe von 60 m, bevor er abstürzte und zerbrach. Bell konstruierte eine große Anzahl erfolgreicher Drachenmodelle. Zweifellos brachten seine Drachen den bemannten Motorflug einen Schritt weiter.
Der 1850 in England geborene Lawrence Hargrave war ein weiterer Drachenerfinder, der mit seinen Arbeiten viel für die Entwicklung der Luftschiffahrt um die Jahrhundertwende getan hat. Er studierte Aerodynamik und begann sich 1880 für Drachen zu interessieren. Seine frühen Arbeiten konzentrierten sich auf die Erfindung eines Flugapparates, mit dem es möglich war, ähnlich wie Segelschiffe gegen den Wind zu kreuzen. Hargrave erzielte keine brauchbaren Ergebnisse und wandte sich dem bemannten Drachenflug zu. Er experimentierte mit einer Vielzahl von Drachenmodellen, bevor er 1893 seinen Hargrave-Kastendrachen erfand. Der Vorteil seines Kastendrachens lag darin, daß er eine große Segelfläche bei relativ geringen Ausmaßen hatte. Die vertikalen Segel zwischen den Tragflächen stabilisierten den Drachen, so daß ein Schwanz entfiel.
Hargrave brachte die Entwicklung des Drachens ein zweites Mal weiter, indem er seinen Kastendrachen mit gewölbten Tragflächen versah. Es war bekannt, daß Tragflächen mit einem gewölbten Profil größeren Auftrieb entwickeln als flache. Hargraves Kastendrachen wurde der Standarddrachen für meteorologische Messungen der folgenden Jahre.
Nach dem Ende des Zweiten Weltkriegs war es der amerikanische Luftfahrtingenieur Francis Rogallo, der durch Innovation und Erfindergeist einen neuen Drachentyp entwickelte. Um bei seinen Experimenten von Wind und Wetter unabhängig zu sein, installierte er ein 1,5 m ∅ großes Gebläse in seinem Haus. Sein Bemühen war es, einen Drachentyp zu konstruieren, der bei minimaler Segelfläche einen maximalen Auftrieb entwickelt. Ergebnis war ein Drachen mit flexiblen Flügeln als Tragfläche. Dieser Flügeltyp kann sich im Gegensatz zu starren Tragflächen dem Wind anpassen und so für effektiven Auftrieb sorgen.
Rogallo ließ seinen »flexiblen Drachen« patentieren; er wurde Grundlage für viele später entwickelte Drachentypen. Auch der amerikanische Lenkdrachentyp »Hawaiian« basiert auf dem Prinzip der flexiblen Tragflächen.
Wie Rogallo, so geht auch der Amerikaner D. C. Jalbert davon aus, daß sich die Form des Drachens an die Windbewegungen halten müsse. Jalbert experimentierte anfangs mit einer Reihe von Kastendrachen, bevor er 1965 die Parafolie erfand. Die Parafolie kommt vollkommen ohne Streben aus, weil ihre Kammern vom Wind gefüllt werden.
Tragende Elemente sind gewölbte Stoffprofile, die zwischen zwei Segelflächen sitzen.

Materialien

Werkzeuge

Jeder Heimwerker ist mit seiner Grundausstattung an Werkzeug in der Lage, die in diesem Buch vorgestellten Drachen zu bauen. Die abgebildeten Werkzeuge für den Drachenbau sollen hier erläutert werden.

1. Schere
2. Lötkolben mit dünner Spitze zum Trennen und Verschweißen von Spinnakernylon
3. Messer zum Anspitzen von Holzenden und Spalten von Bambus
4. Teppichmesser
5. Anspitzer zum Spitzen von Holzstäben
6. Feile zum Entgraten und Kerben
7. Säge zum Trennen und Kerben
8. Hammer
9. Zollstock
10. Lineal
11. Stanzzange zum Stanzen von Löchern in Gewebe oder Schläuche
12. Nietzange
13. Bleistift
14. Feuerzeug zum Verschweißen von Nylonschnurenden
15. Seitenschneider
16. Bügeleisen zum Glätten des Segelmaterials (ohne Abb.)

Einwandfreies Werkzeug ist Voraussetzung für den erfolgreichen Drachenbau. Für das Schneiden von Spinnakernylon ist eine scharfe Schere besonders wichtig. Die Schere sollte ausschließlich für diesen Zweck benutzt werden.

Bespannmaterialien

Für den erfolgreichen Drachenflug ist die Bespannung von maßgeblicher Bedeutung. Winddurchlässigkeit und das Gewicht des verwendeten Materials entscheiden über Stabilität und Flugverhalten.

1. Pergaminpapier (Drachenpapier)
   Seit jeher wurden Drachen mit diesem Material bespannt. Vorteile des Drachenpapiers sind die leichte Verarbeitung durch Kleben und das geringe Gewicht. Besonders belastete Stellen können durch mehrfaches Verkleben verstärkt werden. Nachteil des Papiers ist die geringe Reißfestigkeit, die sich noch durch Luftfeuchtigkeit und Regen verschlechtert.
2. Tyvek
   Dieses papierähnliche Bespannmaterial aus Polyethylen wird häufig für den Drachenbau verwendet. Geringes Gewicht und hohe Reißfestigkeit zeichnen dieses Material aus. Tyvek wird normalerweise mit einem Kunststoffkleber verklebt, kann aber auch ohne Schwierigkeiten mit der Maschine genäht werden. Tyvek kann mit wasserlöslichen Bastelfarben bemalt werden und ist in Drachenläden und Hobbyshops erhältlich. Der Preis beträgt etwa DM 6,– für 1,5 m².

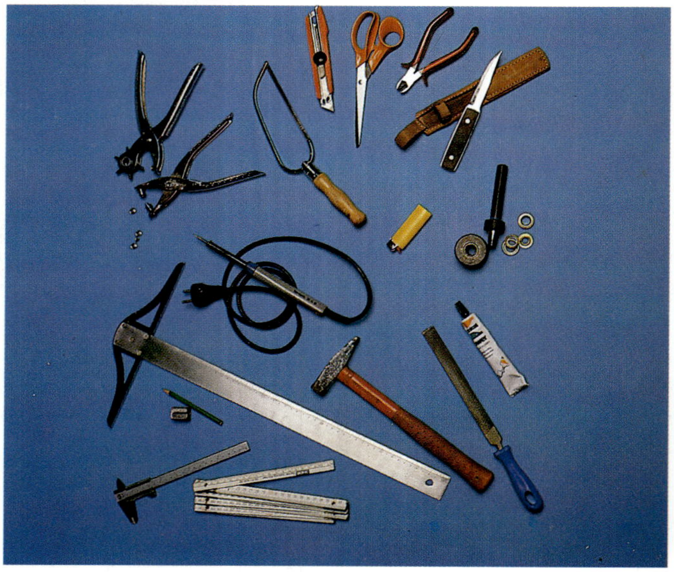

Werkzeuge für den Drachenbau

Die beschriebenen Bespannungsmaterialien

3. Spinnakernylon (Ripstop nylon)
In den letzten Jahren hat sich die Bespannung von Drachen mit Spinnakernylon immer mehr durchgesetzt. Das Material ist in verschiedenen Gewichtsklassen erhältlich und besitzt eine äußerst hohe Reißfestigkeit. Die etwas aufwendige Verarbeitung des Materials mit der Nähmaschine wird durch die große Belastbarkeit der Drachen belohnt. Spinnakernylon ist bei Segelmachern und in Drachenläden erhältlich. Der Preis beträgt etwa 6,– DM bis 12,– DM je nach Qualität.

Gerüstmaterial

Die richtige Wahl des Gerüstmaterials entscheidet über Gewicht und Steifigkeit des Drachens und somit auch über seine Flugleistungen. Während die meisten Drachen mit einem Holz- oder Bambusgerüst auskommen, sollten Lenkdrachen mit Stäben aus GFK (glasfaserverstärkter Kunststoff) oder Kohlefaserhohlstäben gebaut werden.
Die im Fachhandel erhältlichen Ramin- und Buchenholzrundstäbe eignen sich zum Drachenbau. Dabei ist zu berücksichtigen, daß Raminholz flexibler als Buchenholz ist. Ein Drachen mit einem Gerüst aus Raminholz nimmt unter Winddruck eher V-Form an als ein Drachen mit einem Buchenholzgerüst. Bei Kastendrachen ist keine Verformung erwünscht, hier sollte ein Buchenholzgerüst gewählt werden.
Bambusstäbe eignen sich besonders zum Drachenbau. Wegen der hohen Steifigkeit des Bambus sind Drachen aus diesem Material auch bei starkem Wind einsetzbar. Viele asiatische Drachen werden aus gespaltenem Bambus gebaut. Bambussplittstäbe sind erstaunlich biegsam und weisen eine hohe Bruchfestigkeit auf. Bambusstäbe sind im Holzfachhandel oder in Drachengeschäften erhältlich.
Wegen des relativ geringen Gewichtes wird vereinzelt Aluminiumrohr als Gerüstmaterial verwendet. Dabei gibt es verschiedene Legierungen (für den Flugzeugbau und Sportpfeilschäfte) mit besonders geringem Gewicht bei hoher Steifigkeit.
In den letzten Jahren ist die Verwendung moderner Materialien im Drachenbau in Mode gekommen. Die meisten von ihnen stammen aus dem Boots- bzw. Flugzeugbau. Glasfaserverstärkter Kunststoff (GFK) wird gerne für Lenkdrachen genommen. GFK ist als Rohr oder Vollmaterial mit einem Durchmesser von 2 mm aufwärts in Drachengeschäften erhältlich.
Das Material ist schwerer als Holz. Somit benötigen Drachen mit einem GFK-Gerüst mehr Wind. Vorsicht ist bei der Bearbeitung von GFK geboten. Das Einatmen der feinen Sägespäne schadet der Gesundheit.
Ein besonders hochwertiges Material für den Drachenbau sind Kohlefaserrohre. Diese Rohre sind extrem leicht bei sehr hoher Steifheit. Ihre Anwendung finden die Kohlefaserrohre bei Drachen, bei denen es besonders auf Verwindungssteifheit ankommt. Für schnelle Lenk- oder Facetdrachen werden häufig Kohlefaserstäbe genommen.
Auch Angelrutenrohlinge aus Glasfiber finden ihren Einsatz im Drachensport. Sie sind leicht, und ihre konisch zulaufenden Spitzen geben unter Winddruck nach.

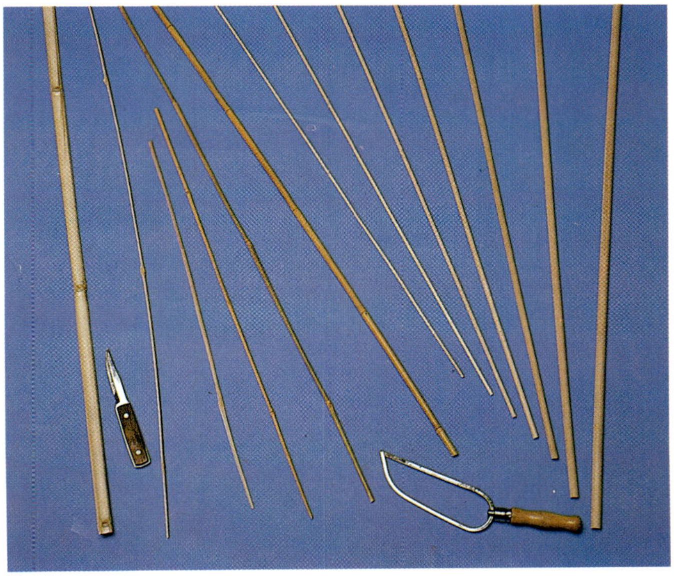

Rundhölzer und Bambusstäbe

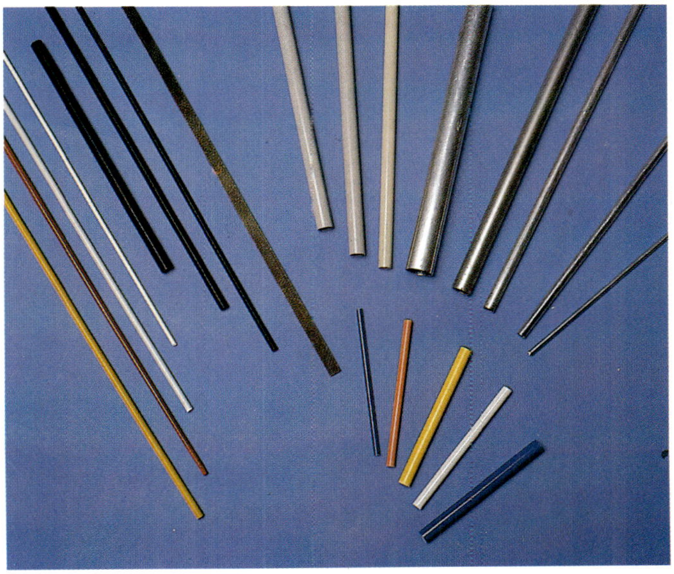

Glasfaser- und Kohlefaserstäbe mit verschiedenem Durchmesser, Angelrutenrohlinge unterschiedlicher Größe und Aluminiumrohr

Drachenleinen und Wirbel

Die Auswahl der richtigen Drachenleine bedarf besonderer Sorgfalt. Dabei sind Bruchlast, Dehnung und Windwiderstand der Leine zu beachten. Die heute benutzten Kunstfaserleinen aus Nylon, Perlon, Trevira oder Aramid sind relativ unempfindlich gegen Feuchtigkeit. Trotzdem sollte man seine Drachenleine nicht unnötig naß werden lassen.

Um Überraschungen zu vermeiden, sollte die Bruchlast der verwendeten Leine mindestens doppelt so hoch sein wie die erwartete Zugkraft. Da die Windgeschwindigkeit (Zugkraft) variiert, können Sie einen Drachen an verschiedenen Tagen mit unterschiedlicher Leine fliegen.

Kohlefaserleinen haben bei gleicher Bruchlast wie Nylonschnüre einen wesentlich kleineren Querschnitt. Der kleinere Luftwiderstand und das geringe Gewicht dieser Aramidleinen sind vorteilhaft für das Steigenlassen von Drachen. Nachteil: Beim Bergen der Drachen schneiden diese dünnen Schnüre in die Haut, so daß man Lederhandschuhe tragen muß.

Knoten Sie Drachenleine oder Schwänze nicht direkt an Waage oder Drachen, sondern verwenden Sie einen Karabiner mit Wirbel, dessen Stärke sich ebenfalls nach der Zugkraft des Drachens richtet.

Verbindungsmaterialien und Zubehör

Die hier abgebildeten Konstruktionselemente und Zubehörteile sind unerläßlich zum Bauen und Steigenlassen von Drachen. Sie sind zum Großteil in Drachengeschäften, aber auch in Hobbyshops, Angelgeschäften, Bootszubehörgeschäften und Fachgeschäften für technische Artikel erhältlich.

Unentbehrlich für den Drachenbauer sind Spritzgußteile aus Hartkunststoff wie Kreuzverbinder, T-, Y- oder L-Teile. Sie können die Teile aber auch aus einem Stück Hartkunststoff, beispielsweise Ertalon, selber herstellen.

Aluminium-V-Verbinder lassen sich schnell herstellen, verformen sich aber bei höheren Windstärken.

PVC- und glasfaserverstärkte Druckschläuche sind wichtige Hilfsmittel für die Konstruktion von T-, Kreuz- und L-Verbindungsteilen. Mit Gummi-O-Ringen lassen sich Kreuz-Verbindungen herstellen, die auch wieder gelöst werden können. Eingekerbte Pfeilenden dienen der Befestigung von Schlaufen und Ringen. Sie werden mit einem Aluverbindungsstück an Rohrenden befestigt oder auf angespitzte Holzenden gesteckt. Mit Wirbeln und Karabinern befestigt man die Leine am Drachen. Mit Schnurspannern werden Segel- oder Gerüstteile gespannt. O- und D-Ringe aus Metall sind Verbindungselemente zwischen Segel- und Gerüstteilen. An Kauschen im Segel befestigt man Karabiner. Stabendkappen schützen vor Verletzungen und verhindern das Durchstoßen des Segels.

Knoten

Genauso unerläßlich wie Drachenleinen sind die Knoten für den Drachensportler. Der richtige Umgang damit ist Bestandteil des flug- und sicherheitstechnischen Könnens des Piloten.

Ein Knoten soll im richtigen Moment halten und sich lösen.

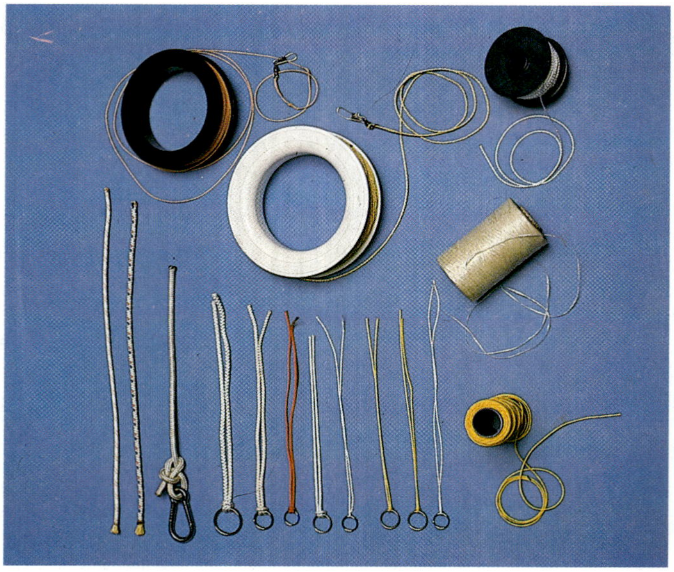

Verschiedene Wirbel mit Karabiner sowie Drachenleinen unterschiedlicher Stärke und aus verschiedenen Materialien

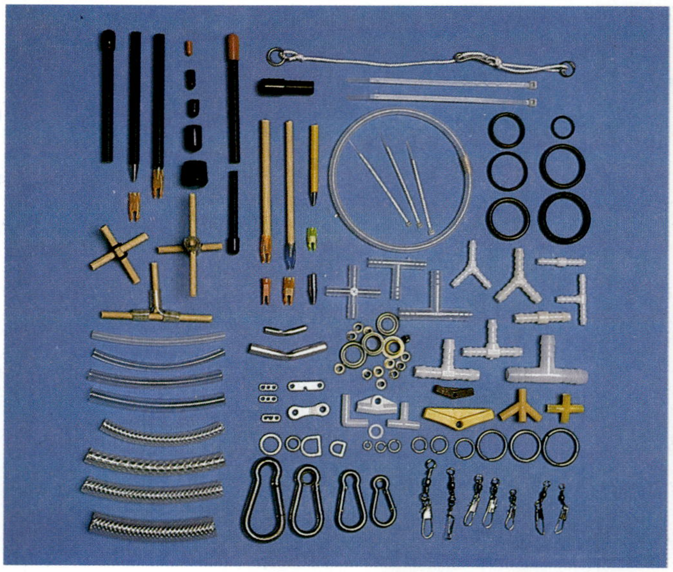

Verbindungsmaterialien und anderes Zubehör

Die hier vorgestellten Knoten und Steke sind ein Produkt tausendjähriger Erfahrung der Seefahrt. Sie lassen sich auch beim Bau und Steigenlassen von Drachen anwenden.
Stopperstek (1): zum Befestigen von Drachenleinen an einem Geländer (Zugkraft spitzwinklig).
Rundtörn mit zwei halben Schlägen (2): zum Befestigen von Drachenleinen an einem Geländer (Zugwinkel etwa 90°).
Webeleinenstek (3): siehe Rundtörn mit zwei halben Schlägen.
Schotstek (4): zum Verbinden zweier ungleich starker Enden. Er kann einfach oder doppelt gesteckt werden.
Kreuzknoten (5): zum Verbinden zweier gleich starker Enden.
Achtknoten (6): zum Verhindern des Ausrauschens der Leine.
Webeleinenstek aus der Hand (7): zum Befestigen von Leinen an einem festen Gegenstand.
Befestigung einer Schlaufe am Ring, Wirbel oder Karabiner (8).
Palstek (9): nicht zuslippende Schlaufe am Ende der Leine. Zum Befestigen von Leinen an Ringen, Laschen oder Ösen.
Üben Sie die hier abgebildeten Knoten und Steke sorgfältig, dann werden Sie später nicht in die Verlegenheit kommen, einen »Altweiberknoten« zu machen.

Das Arbeiten mit Bambus

Die asiatischen Drachen werden traditionell aus dem kräftigen, aber hochflexiblen Bambus gebaut. Der japanische Kampfdrachen, der malaysische Wau Bulan und der balinesische Janggaan sind nur einige Beispiele. Achten Sie beim Kauf des Bambusrohrs darauf, daß es ausgelagert (ausgetrocknet) ist. Es kann sonst passieren, daß es sich bei Zimmertemperatur von selber spaltet. Bambus aus bestimmten Regionen (beispielsweise Indonesien) kann mit Insekten behaftet sein. Es ist ratsam, die Stäbe vor der Verarbeitung mit Insektenspray zu besprühen, um ein Brüchigwerden zu vermeiden.
Bambusstäbe sind bereits mit einem Durchmesser von wenigen Millimetern erhältlich, dabei können Drachen von etwa 1 m Größe an aus dem Rohr gebaut werden. Der Querholm eines Eddy-Drachens sollte aus zwei Bambusteilen zusammengesetzt sein. Ein Aluminiumrohr verbindet die Teile, wobei die dünneren Spitzen des Bambus außen liegen. Für Längsholme gilt: das dickere Ende liegt an der Hinterkante des Drachens.
Das Spalten von Bambus ist problemloser, als es aussieht. Das mindestens 2 cm starke Bambusrohr wird zunächst zweimal kreuzweise gespalten. Benutzen Sie zum Spalten ein kräftiges Messer. Um möglichst parallele Kanten zu erhalten, muß an den Knotenpunkten ein leichter Führungsdruck ausgeübt werden. Die Viertelteile werden mit einem schmaleren Messer feingespalten. Ebnen Sie die Innenseiten der Knoten mit einer Feile oder dem Messer. Bambussplittstäbe lassen sich über Wasserdampf oder einer Flamme biegen. Die beim Spalten von Bambus auftretenden Splitter dringen leicht und tief in die Haut ein. Gehen Sie deshalb sorgfältig mit diesem Material um, und entfernen Sie die Splitter mit einer Feile.

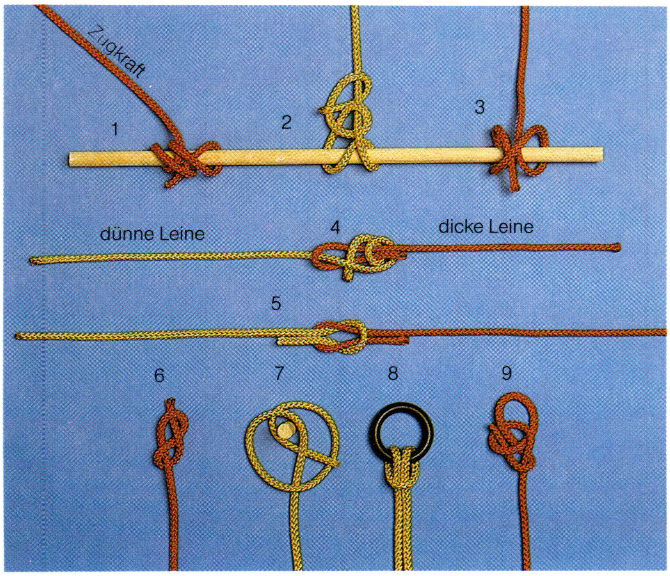

Die beschriebenen Knoten

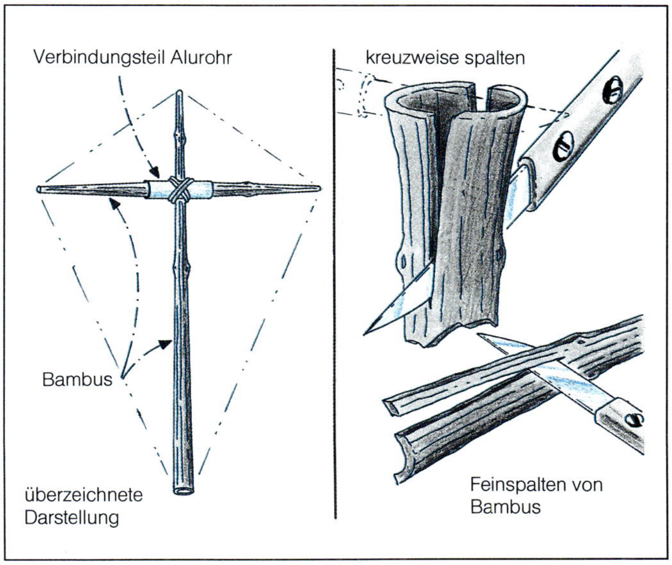

Das Arbeiten mit Bambus

Nähtechnik

Um Drachen robust und widerstandsfähig zu machen, werden in zunehmendem Maße reißfeste Stoffe für ihren Bau verwendet. Tyvek und Spinnakernylon sind moderne Materialien, aus denen man viele Drachensegel zuschneidet.
Tyvek wird normalerweise mit einem Kunststoffkleber verklebt, es wird aber auch vernäht. Verwenden Sie ein Polyestergarn der Stärke 60–70. Da das Tyvek unter der Nähmaschine nicht rutscht, ist es leicht zu vernähen. Das in mehreren Gewichtsklassen (20–65 g) erhältliche Spinnakernylon ist durch seine Silikonbeschichtung schwieriger zu verarbeiten. Polyestergarn der Stärke 50–70 und Jerseynadeln (Stärke 11) eignen sich zum Nähen des Nylongewebes.
Üben Sie die verschiedenen Nähte und Säume erst an einem Probestück, bevor das Drachensegel genäht wird.
Um sich am Anfang das Nähen zu erleichtern, können die Nähte mit Stecknadeln oder einem Kleber fixiert werden. Ober- und Unterfadenspannung der Nähmaschine muß exakt auf das zu nähende Nylon eingestellt sein, da sich sonst Schlaufen in der Naht bilden. Lassen Sie gegebenenfalls die Fadenspannung von einem Fachmann einstellen. Wichtig für das einwandfreie Nähen ist der Transport des Materials. Die Profimaschinen der Segelmacher haben eine angetriebene Gummirolle hinter der Maschine, die das Nylon durch die Maschine zieht.
Für den Drachenbauer eignen sich Nähmaschinen mit dem sogenannten Softtransport am besten. An Stelle der gezackten Transportauflage haben diese Maschinen Gummiflächen, die das Material transportieren.
Um einwandfreien Transport des Materials zu gewährleisten, sollte das Spinnakernylon unter leichtem Zug mit der linken Hand durch die Maschine gezogen werden. Spinnakernylon wird normalerweise mit dem Lötkolben heiß geschnitten. Dadurch wird das Material gleichzeitig verschweißt, und es braucht nur einfach gesäumt zu werden. Ein doppelter Saum hält besser und wirkt optisch einwandfrei. Säume werden mit dem Geradstich genäht (2–3 mm Stichlänge).
Die verschiedenen Nähte und Säume sind in der Umschlagseite gezeigt. Für Nähte kann der Geradstich oder Zickzackstich gewählt werden. Nähen Sie nicht mit zu engem Stichabstand, weil sonst das Tuch perforiert wird. Die haltbarste Naht zum Verbinden zweier Stoffteile ist die Kappnaht (siehe Nähtechnik). An Stelle der ersten Naht kann auch geklebt werden. Besonders beanspruchte Nähte werden mit dem Stretchstich genäht.
Unentbehrlich für das Nähen von Drachensegeln sind Verstärkungsteile aus Dacron, Gurtbänder oder Nahtbänder. Werden diese Materialien mit dem Segel vernäht, ist meistens eine Verstellung der Fadenspannung und eine stärkere Nadel erforderlich.

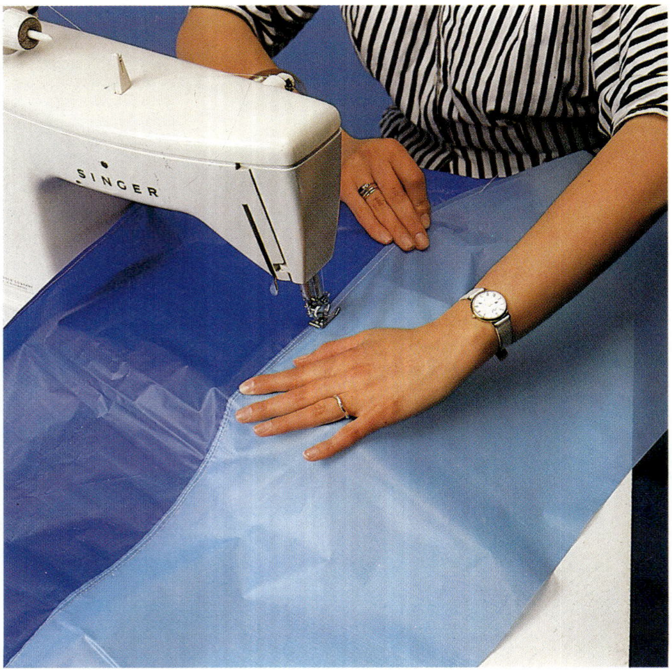

Das Nähen von Tyvek

Verschiedene Gurt- und Nahtbänder, Dacron und Nähgarn

Das Bemalen von Tyvek

Drachen farbig gestalten

Die stetig wachsende Zahl von Drachenenthusiasten kommt nicht zuletzt von den farblichen Gestaltungsmöglichkeiten, die ein Drachensegel bietet. Ein kaleidoskopartiger Drachenhimmel begeistert Akteure und Zuschauer, wobei die Farben und grafische Gestaltung der Drachen lediglich durch die Phantasie ihrer Erbauer begrenzt sind.

Tyvek läßt sich problemlos mit wasserlöslichen Farben bemalen. Die Konturen werden zuerst mit einem Bleistift vorgezeichnet, danach wird die Farbe aufgetragen. Man kann auch von einem vorhandenen Motiv ein Dia herstellen, um es dann mit einem Projektor auf das Tyvek zu projizieren.

Spinnakernylon kann ebenfalls mit wasserlöslicher Dispersionsfarbe oder Farbe für Seidenmalerei dekoriert werden.

Im Gegensatz zum Bemalen von Spinnakernylon wird durch das Zusammensetzen verschiedenfarbener Nylonteile mehr Farbechtheit erzielt. Zeichnen Sie den Umriß des Drachensegels auf ein Blatt Papier, und entwickeln Sie darauf das Farbmuster. Anschließend werden die Stoffteile ausgeschnitten und zusammengenäht.

Eine weitere Möglichkeit der Dekoration von Drachensegeln ist das Applizieren von Stoffteilen auf das zugeschnittene Segel. Entwerfen Sie zuerst das Muster auf Papier, bevor die Einzelteile auf den Stoff übertragen und mit dem Lötkolben ausgeschnitten werden. Fixieren Sie die Nylonteile mit Stecknadeln oder einem Kunststoffkleber auf dem Segel. Mit einer Zickzacknaht die Teile auf das Segel nähen und den dahinterliegenden Stoff mit dem Lötkolben entfernen.

Drachen bauen

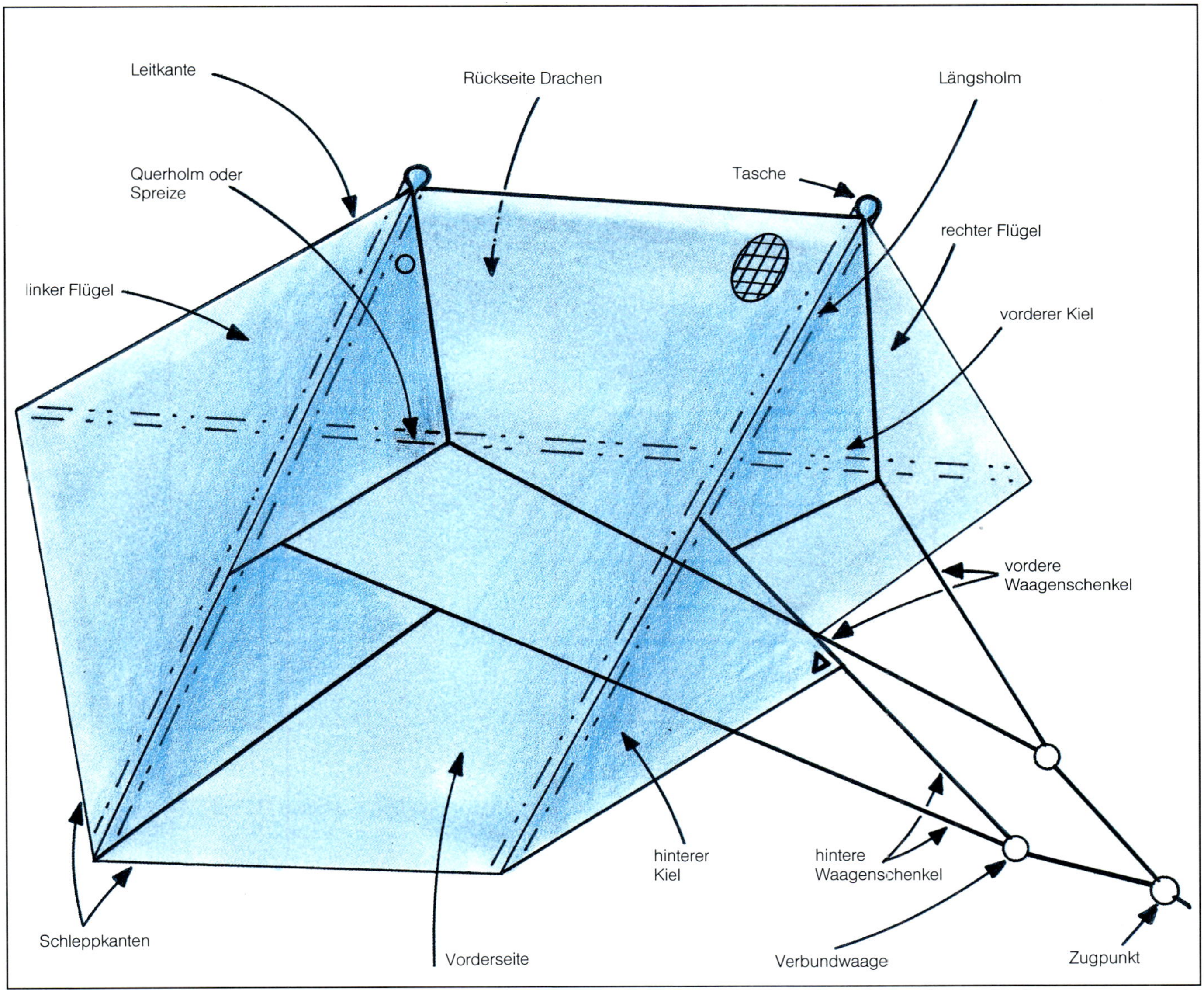

Um sich mit der im Drachenbau üblichen Terminologie vertraut zu machen, werden in dieser Zeichnung oft wiederkehrende Ausdrücke gezeigt. Prägen Sie sich die Orientierungshilfen genau ein. Verwenden Sie möglichst die in der Materialliste angegebenen Werkstoffe. Es ist ratsam, die Bauanleitung erst bis zum Ende zu lesen, bevor mit dem Bau des Drachens begonnen wird. Um Details besser zeigen zu können, sind die Zeichnungen der Bauanleitungen nicht immer maßstabsgetreu.

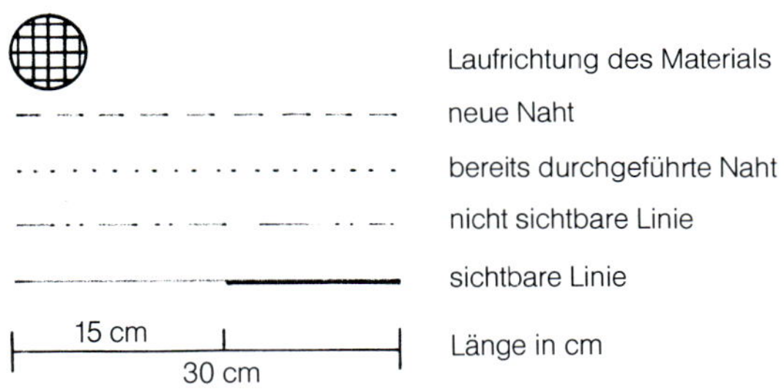

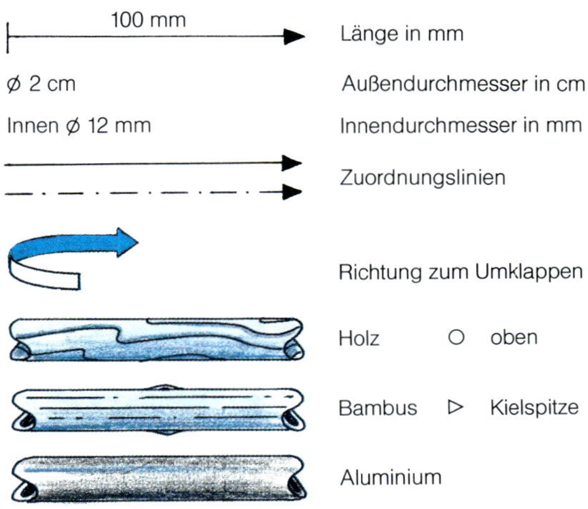

Eddy

Der Eddy ist ein leistungsfähiger Drachen, der in seiner Tyvekversion leicht zu bauen ist. William A. Eddy erfand diesen bogenartig gespannten Drachen 1891. Das Sensationelle an seiner Erfindung war die Tatsache, daß der Drachen auch ohne Schwanz stabil flog. Ein Ausbrechen des Drachens in eine Richtung wird durch das lose aufgehängte Segel und die V-Form des steil fliegenden Eddys verhindert.

Ich habe mich in meiner Kindheit ausschließlich mit diesem Drachen, der auch unter dem Namen Malay bekannt ist, beschäftigt. Sein günstiges Verhältnis von Segelfläche zu Gewicht machen den Eddy zu einem ausgezeichneten Lastenträger. Die große, nicht unterbrochene Fläche eignet sich hervorragend zum Dekorieren. Bei böigen Winden bekommt der Eddy einen Schleifenschwanz.

Baumaterial:
2 Raminrundhölzer, 150 cm lang, 1 cm ⌀
150 cm Tyvek, 150 cm breit, oder Pergamin
Nylonschnur, 0,1 cm ⌀
O-Dichtungsring, 3 cm ⌀
1 Schnurspanner
2 Schlüsselringe, 1 cm ⌀
Kunststoffkleber
1 Wirbel mit Karabiner

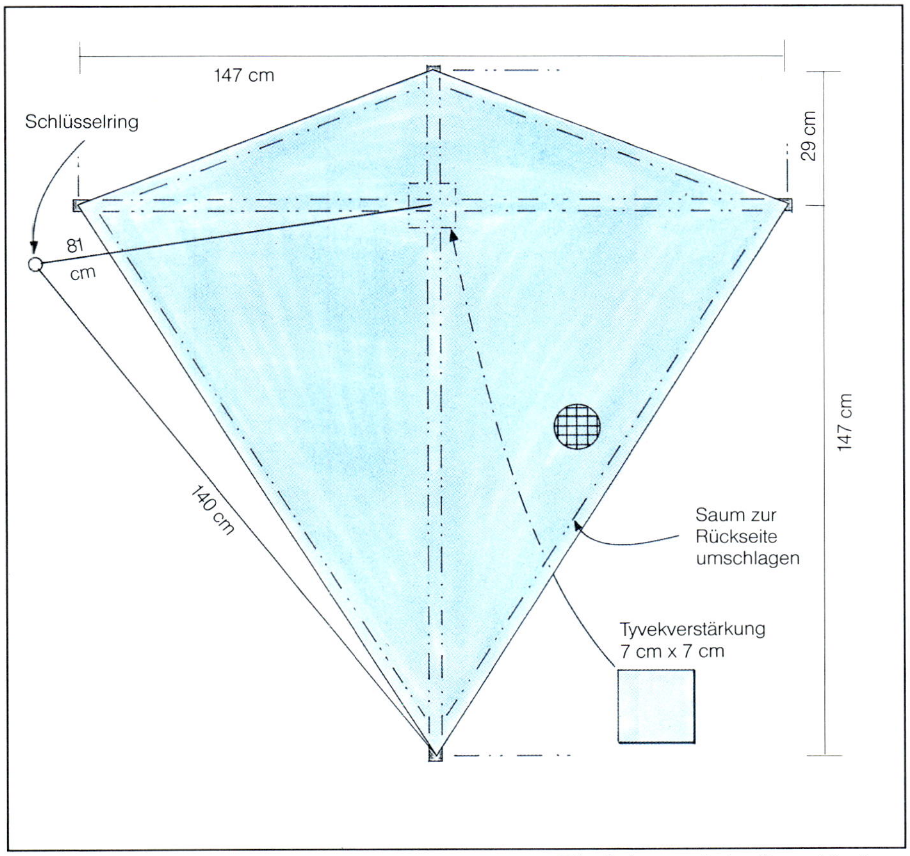

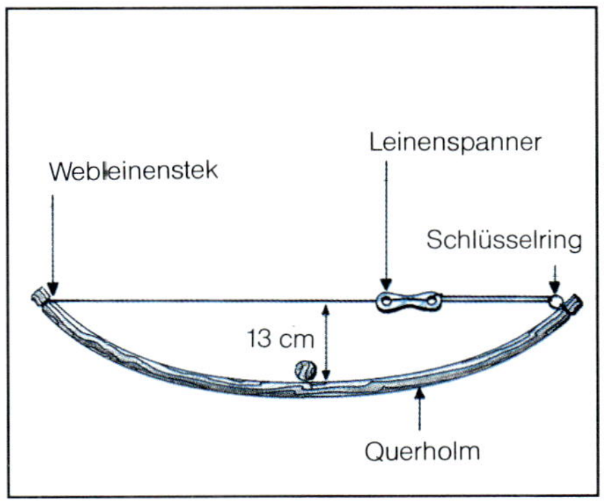

Bauanleitung:
Als erstes sägen Sie die beiden Rundhölzer auf die entsprechende Länge. Der Querholm wird in der Mitte mit einem Bleistift markiert. Die Verbindung der Rundhölzer mit einem O-Ring ist die beste Methode. Sie hat den Vorteil, daß Sie das Drachengerüst später wieder zerlegen können. Weitere Verbindungstechniken finden Sie auf dem Aufklapper am Schluß des Buches. Kerben Sie nun die Enden der Holme mit einer Feile etwa 1 mm tief ein. Mit einer Nylonschnur (0,1 cm ⌀) wird das Drachengerüst umspannt. Die Schnur wird mit zwei halben Schlägen oder einem Webeleinenstek (s. auf dem Aufklapper am Schluß des Buches) in der Kerbe fixiert. Achten Sie bei der Umspannung darauf, daß sich das Gerüst nicht verzieht. Ein asymmetrischer Eddy wird ein instabiles Flugverhalten aufweisen. Als nächstes legen Sie das Tyvek auf eine ebene Fläche und das Gerüst mit dem Querholm nach unten darauf. Das umspannte Drachengerüst dient als Schablone. Beschweren Sie das Gerüst und schneiden dann mit einer Saumzugabe von 2 cm das Drachensegel aus. An den Enden der Rundstäbe schneiden Sie einen Keil aus dem Tyvek. Anschließend legen Sie den Saum um und kleben ihn mit einem Kunststoffkleber fest.

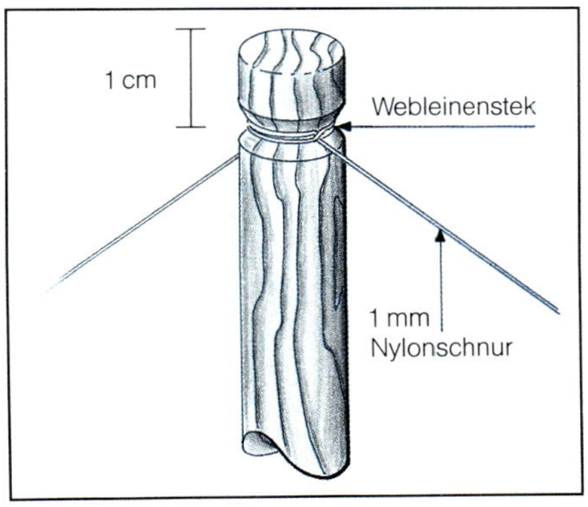

Als Verstärkung dient ein 7 x 7 cm großes Tyvekstück. Es wird in Höhe des Kreuzpunktes auf die Rückseite des Segels geklebt.
Schneiden Sie mit einer Schere ein kleines Loch am Kreuzpunkt des Gerüstes in das Segel. Der vordere Waagenschenkel wird nun mit einem Kreuzknoten am Gerüst befestigt. Mit dem Knoten des hinteren Waagenschenkels befestigen Sie gleichzeitig einen 1-cm-Schlüsselring. An diesem Schlüsselring können Sie später den Schwanz befestigen. Mit einer Schlaufe wird ein weiterer Schlüsselring an der entsprechenden Stelle in der Waage befestigt.
Die V-Wölbung des Eddys erreichen Sie durch eine den Querholm spannende Sehne. Befestigen Sie einen 1-cm-Schlüsselring an einem Ende des Querholms. Am anderen Ende des Querholms wird die Sehne befestigt. Führen Sie die Sehne durch einen Schnurspanner, den Schlüsselring, und befestigen Sie sie am Schnurspanner. Durch Verschieben des Spanners haben Sie die Möglichkeit, die Wölbung des Drachens zu beeinflussen.
Beginnen Sie jetzt mit der Dekoration. Zum Bemalen von Tyvek eignet sich am besten Acrylfarbe.
Soll ein Schleifenschwanz am Drachen befestigt werden, so benutzen Sie dafür einen Wirbel mit Karabinerhaken. Der Wirbel verhindert ein Aufdrehen des Schwanzes.

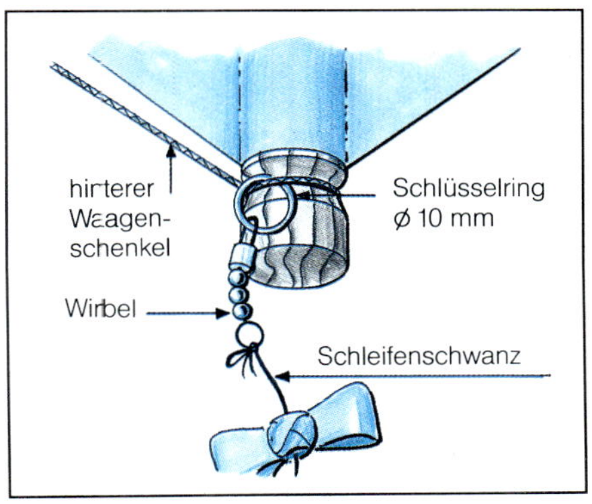

Eddy-Train

In den letzten Jahren ist das Fliegen von sogenannten Kite-Trains immer mehr in Mode gekommen. Wie an einer Perlenschnur aufgereihte Drachen geben ein eindrucksvolles Schauspiel am Himmel. 1983 schaffte es ein Japaner, 5581 Drachen an einer Leine zu fliegen, ein Weltrekord, der in das Guinness-Buch der Rekorde aufgenommen wurde.
In der folgenden Bauanleitung für einen Eddy-Drachenzug kommen Sie vollkommen ohne Nähen und Kleben aus. Die sehr einfach gehaltene Konstruktion erlaubt es der ganzen Familie, am Bau des Drachenzuges teilzunehmen. Die Anzahl der Drachen ist variabel. Sie selbst bestimmen, wie viele Eddys Sie an eine Leine knoten wollen.

Baumaterial pro Drachen:
45 x 45 cm Tyvek oder Spinnakernylon
1 Raminrundstab, 100 cm lang, 4 mm ⌀
1 Aluminiumrohr, 3 cm lang, 4 mm ⌀ innen
1 Kunststoffschlauch, 4 mm ⌀ innen
Nylonschnur, 0,1 cm ⌀
Gummiband oder O-Ring

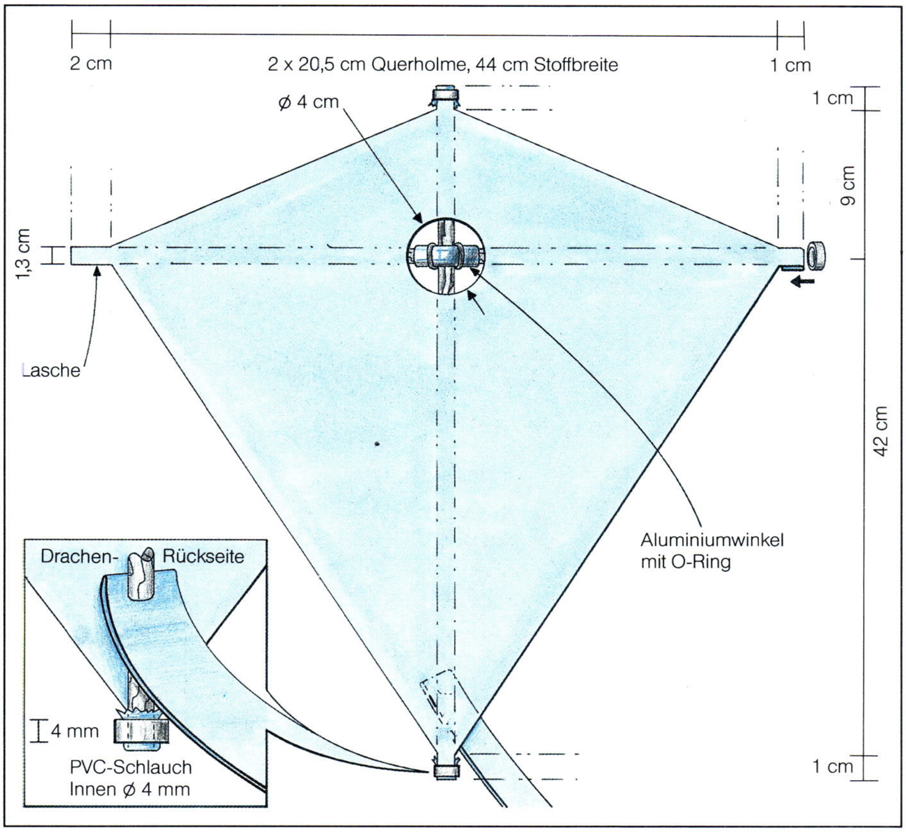

Die Befestigung des Segels am Gerüst ist einfach. Aus einem Kunststoffschlauch werden vier Ringe geschnitten. Nachdem die Laschen über die Enden der Rundhölzer gelegt worden sind, werden die Ringe zur Befestigung darüber geschoben. So können Sie in kurzer Zeit viele Drachen herstellen.
Zur Stabilisierung des Eddys dienen drei Streifenschwänze, 4 cm breit und 150 cm lang. Durch die drei Streifen wird ein Loch gestanzt. Bevor das Segel am hinteren Teil befestigt wird, stecken Sie den Längsholm durch das Loch.
Die Befestigung der einzelnen Drachen untereinander geschieht folgendermaßen: Schlingen Sie im Abstand von 130 cm so viele Schlaufen in eine 1 mm starke Nylonschnur, wie Drachen daran fliegen sollen. Als nächstes wird die Schnur durch den Ausschnitt aller Drachen geführt. Lösen Sie den oberen Teil des Segels vom Längsholm und einen Querholm vom Aluwinkel.
Eine durch die Schlaufe gezogene Bucht wird über den Längsholm und eine Hälfte des Aluwinkels gestreift. Nachdem sämtliche Drachen auf diese Weise im Abstand von 130 cm in die Schnur geknüpft sind, wird der hintere Waagenschenkel mit einem Webeleinenstek am Drachenfuß befestigt. Das andere Ende wird in entsprechendem Abstand zum Drachen an der Hauptleine verknotet.
Der oberste Drachen fliegt in einem Abstand von etwa 10 m zum vorigen. Das dient der Stabilisierung des Drachengespanns. Der sogenannte Leitdrachen erhält einen 3 m langen Streifenschwanz. Bei unruhigen Windverhältnissen sollte ein Leitdrachen mit mehr Zugkraft geflogen werden, etwa ein 1 m großer Eddy oder ein Delta entsprechender Größe.

Bauanleitung:
Beginnen Sie zuerst mit der Herstellung des Drachengerüstes. Ein 42-cm-Längsholm und zwei 20,5 cm lange Querholme sind die Grundelemente. Das Verbindungselement der beiden Querholme ist ein 3 cm langes Aluminiumrohr mit einem Innendurchmesser von 0,4 cm.
Legen Sie das Aluminiumrohr auf eine stabile Unterlage. Ein paar Schläge mit der Finne eines Hammers auf die Mitte des Rohrs ergeben den 15°-Winkel.

Der Aluminiumwinkel wird mit einem Gummiband oder einem kleinen O-Ring am Längsholm befestigt.
Da die Drachensegel in großer Stückzahl zugeschnitten werden sollen, empfiehlt sich die Verwendung einer Schablone. Übertragen Sie die Maße der Rißzeichnung auf ein Stück Pappe. Durch den 4 cm großen Ausschnitt wird später die Drachenwaage geführt. Mit einem Lötkolben wird das Drachensegel dann ausgeschnitten.

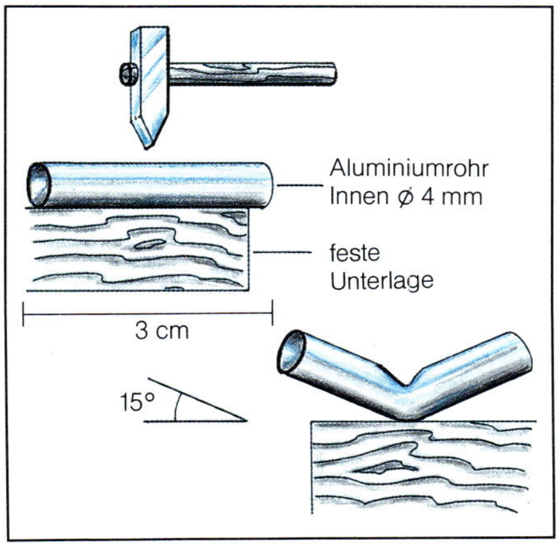

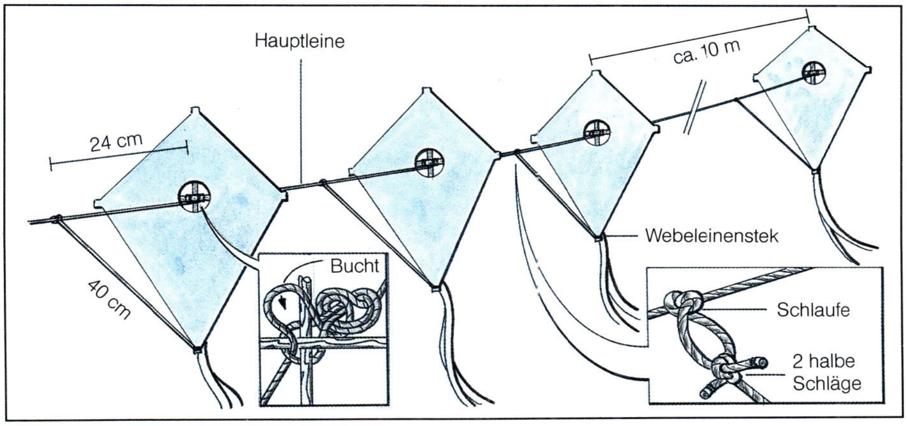

Sechseckdrachen

Der Sechseckdrachen gehört zu der Gruppe der Flachdrachen. Er benötigt die stabilisierende Wirkung eines Drachenschwanzes.
Schon 1847 experimentierte der Engländer W. R. Birt mit dem Sechseckdrachen. In großer Höhe unternahm er meteorologische Messungen. Der Bau dieses Drachens bereitet keine Schwierigkeiten. Als Bespannung kann Tyvek oder Spinnakernylon genommen werden.

Baumaterial:
4 x 1 m Spinnakernylon
6 Raminrundhölzer, 1 m lang, 1 cm ∅
1 Hartkunststoffscheibe, 1,5 cm dick, 6 cm ∅
1 Schlüsselring, 2 cm ∅
25 cm Gurtband, 2,2 cm breit
Nylonschnur, 0,2 cm ∅
6 m Dacron, 1,5 cm breit, oder Nahtband
Dacronstück, 5 cm ∅

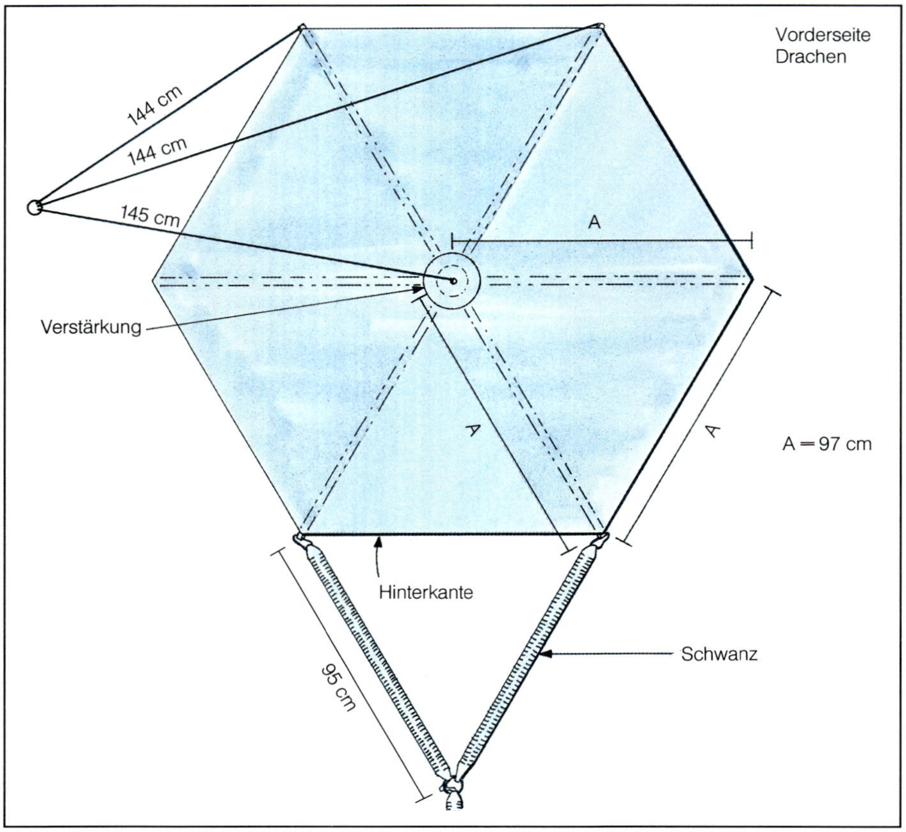

Bauanleitung:
Das Segel des Sechseckdrachens besteht aus zwei zusammengesetzten Nylonbahnen. Die mit einer Kappnaht zusammengenähten Bahnen bilden ein Quadrat von etwa 2 m Kantenlänge. Legen Sie das Nylon auf eine ebene Fläche. Den Umriß des Sechsecks auf den Stoff übertragen. Eine Zugabe von 2 cm für den Saum muß berücksichtigt werden. Um dem Saum einen besonderen Halt zu geben, wird er mit Dacron oder Stoßband verstärkt. Ich bevorzuge das Einnähen von Dacron. Das Dacronband ist in einer Breite von 3 cm erhältlich. Mit einer Schere wird es auf die gewünschte Breite reduziert (siehe Nähtechnik 2).
Für die Taschen der Holme an den Ecken des Segels wird 5 cm breites Gurtband genommen. Gurtband ist ein widerstandsfähiges Material; es verhindert das Durchstoßen der Holme.
Das Anbringen der Taschen ist der Nähtechnik 9 und 10 zu entnehmen. Unter die beiden Taschen der Vorder- und Hinterkante des Drachens wird zusätzlich eine Schlaufe aus Spinnakernylon geschoben und vernäht.
An den beiden vorderen Schlaufen wird später die Waage befestigt. Der Schwanz wird an den hinteren Schlaufen verknotet. Mit dem Lötkolben schneiden Sie einen 5 cm großen Verstärkungskreis aus einem Stück Dacron. Verstärkung zentrisch auf die Rückseite des Segels nähen. Für die Durchführung des hinteren Waagenschenkels wird ein 1 cm großes Loch mit einem Lötkolben in die Mitte des Segels geschnitten. Wer ganz sicher gehen will, verwendet zusätzlich eine Kausch (siehe Nähtechnik 6).
Die beste Verbindungsmethode der Holme ist die Verwendung eines Hartkunststoffteils. Wer es einfacher haben möchte, verbindet drei Holme im Mittelpunkt mit einer kreuzweise durchgeführten Abbindung. Nachteil dieser Methode: der Drachen kann nicht zerlegt werden.
Für die eigene Herstellung von Verbindungsteilen aus Hartkunststoff verwende ich Ertalon. Es ist in unterschiedlichen Rohmaßen im Fachhandel oder in Drachengeschäften erhältlich. Es können aber auch Scheiben aus ABS oder Polyamid verwendet werden.
Eine 1,5 cm starke Scheibe wird von einem runden Hartkunststoffrohling von 6 cm Durchmesser abgesägt. Zeichnen Sie sich die Bohrungen für die Holme genau an. Das Kunststoffteil muß fest in einen Schraubstock gespannt werden, um ein sicheres Führen des Bohrers zu gewährleisten.
Jetzt die Raminrundhölzer auf ihre entsprechende Länge sägen. Mit einem Anspitzer die Enden der Holme verjüngen. Der Sechseckdrachen wird nun zusammengesetzt. Achten Sie darauf, daß das Segel vom Drachengerüst straff gespannt wird. Ein Tip: Sägen Sie die Holme zuerst etwas länger zu. Beim späteren Einpassen dann symmetrisch verkürzen. Bringen Sie die dreischenklige Waage an. Die beiden oberen Schenkel bestehen aus einer durchgehenden Leine. Sie

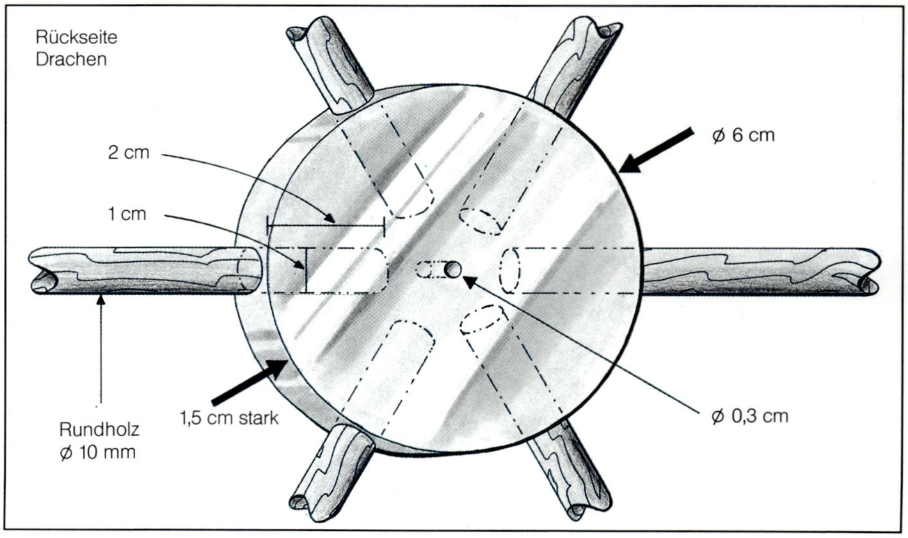

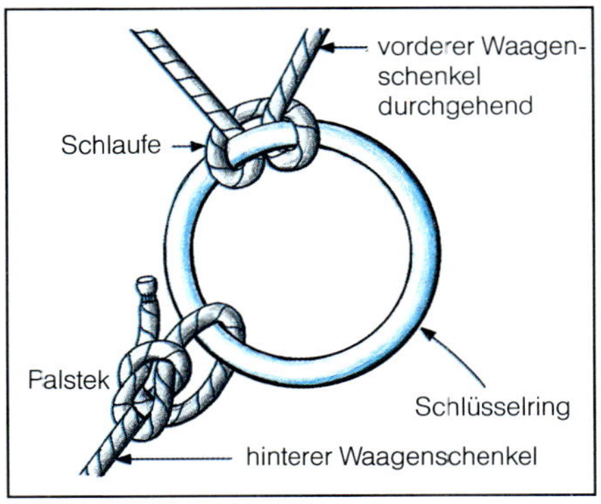

wird mit dem Palstek an den dafür vorgesehenen Laschen befestigt. Auf halber Länge eine Schlaufe machen. Hinteren Waagenschenkel durch die 3-mm-Bohrung führen und mit einem Achtknoten sichern. Ein Schlüsselring verbindet die dreischenklige Waage.
Der Fransenschwanz ist 12 m lang. Er wird mit einem Palstek am Drachen befestigt.
Der Sechseckdrachen ist fertig zum Flug. Durch maßstabgetreue Veränderung ist es möglich, den Drachen in beliebiger Größe zu erstellen.
Um den Drachen auch bei höheren Windstärken fliegen zu lassen, kann das Gerüst aus Bambus, GFK oder Kohlefaser hergestellt werden.

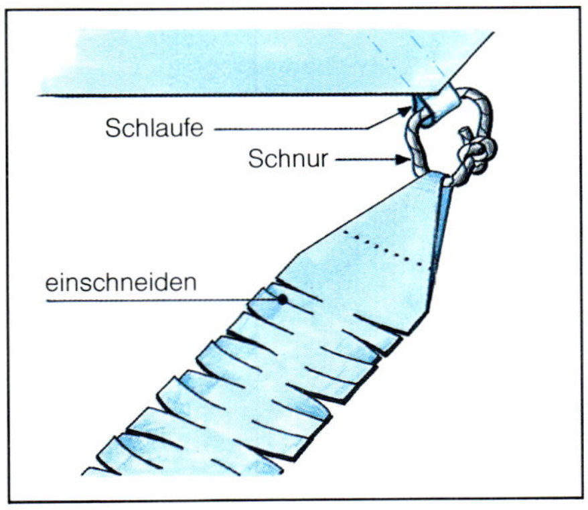

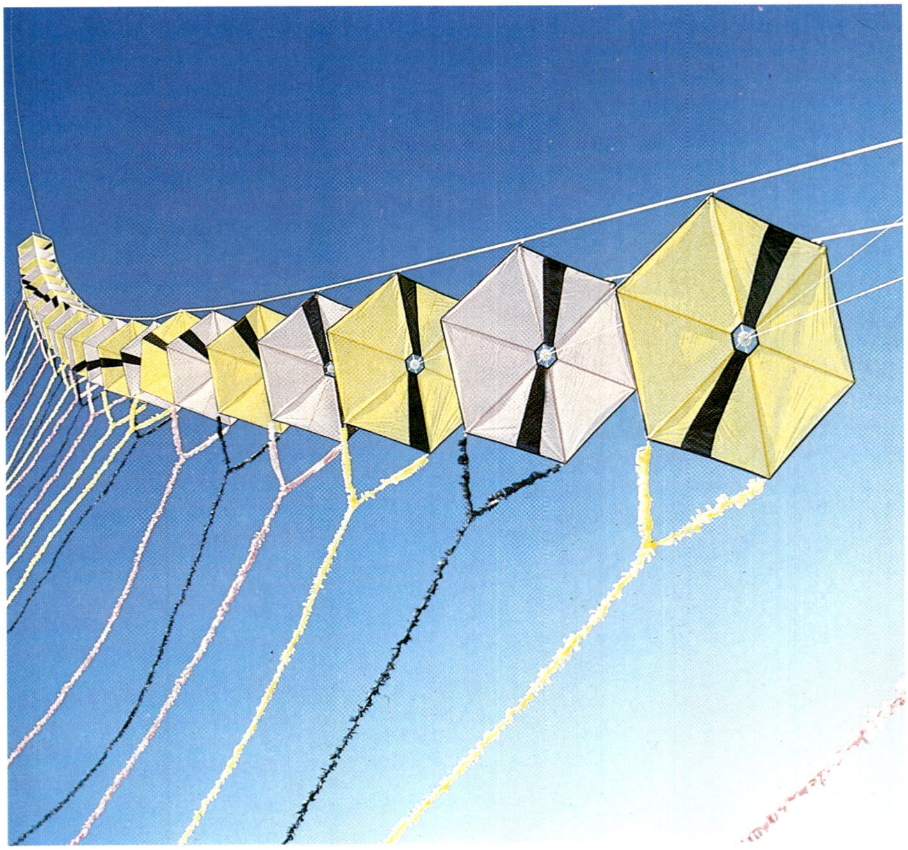

Sechseckgespann

Der Sechseckdrachen läßt sich mit Hilfe einer raffinierten Waagentechnik sehr gut im Gespann fliegen. Der Drachenkünstler Peter Malinski koppelte 50 dieser Drachen aneinander. Die umfangreiche Arbeit und die grafische Gestaltung machen dieses Gespann zu einem einmaligen Flugobjekt. Die 50 Schwänze rauschen wie ein Laubwald im Sturm, wenn man unter dem fliegenden Drachengespann steht.
Der Start dieses Drachens ist problemlos. Die einzelnen Drachen werden auf dem Boden ausgelegt, die Schwänze sortiert, und am letzten Drachen wird ein Leitdrachen befestigt. Nach dem Start des Leitdrachens zieht dieser einen Drachen nach dem anderen langsam in die Höhe. Das Gespann entwickelt eine große Zugkraft. Bei frischem Wind müssen mehrere Personen dieses Drachengespann bergen.
Bei der Auslegung eines Drachengespanns sollte man sich generell erst einmal über die auftretenden Zugkräfte im klaren sein. Ein Sechseckdrachen mit einer Kantenlänge von 50 cm hat eine Oberfläche von 0,75 m^2. Ein Gespann von 13 Drachen ergibt eine Gesamtsegelfläche von etwa 10 m^2. Bei starkem Wind kann dieses Gespann eine Zugkraft von über 30 kg entwickeln.
Die Maße der hier dargestellten Waagenschenkel beziehen sich auf ein Sechseck mit einer Kantenlänge von 50 cm. Die beiden oberen Waagenschenkel sind durchgehende Verbindungsleinen vom ersten bis zum letzten Drachen. Führen Sie diese Leinen nacheinander durch die oberen Schlaufen Ihrer Sechseckdrachen. Leinen nicht mit den Schlaufen verknoten, sondern mit einem dünnen Takelgarn an der Schlaufe befestigen. Bei hoher Zugkraft wird somit das Reißen oder Durchschmelzen der Leinen im Knoten verhindert. Der Abstand der einzelnen Drachen soll der dreifachen Kantenlänge des Sechsecks entsprechen (150 cm). Der hintere Waagenschenkel ist nicht durchlaufend.

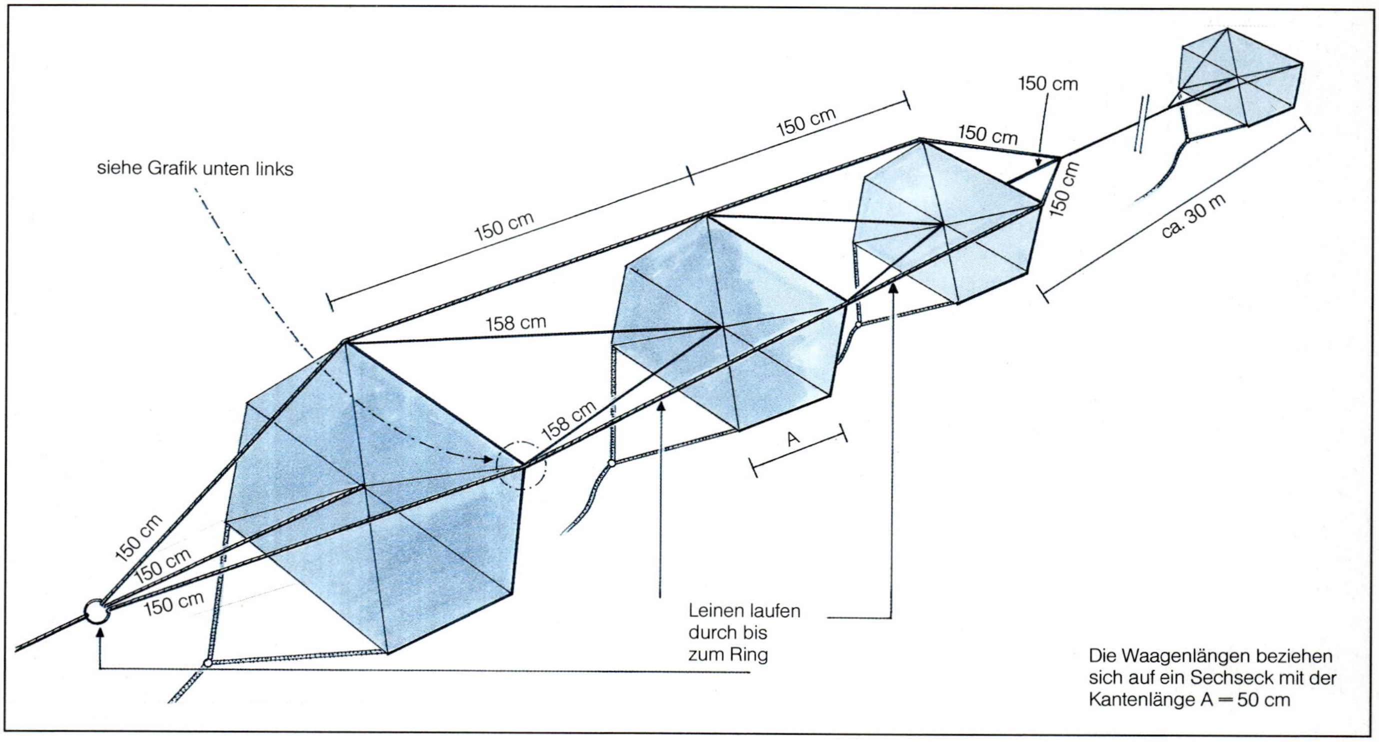

Der erste Drachen erhält eine normale dreischenklige Waage, wie auf S. 28/29 beschrieben. Die weiteren Drachen des Gespanns werden mit einer doppelten unteren Waage ausgerüstet (siehe Zeichnung). Länge der beiden hinteren Waagen 158 cm. Sie wird mit einem kurzen Band am Kunststoffteil befestigt. Die unteren Waagenschenkel befestigt man an den oberen Schlaufen des vorigen Drachens (siehe Zeichnung).

Diese Waagenführung hat einen großen Vorteil: Die Zugkraft des hinteren Waagenschenkels wird nicht auf das Kunststoffteil des vorigen Drachens übertragen. Die Handhabung des Gespanns ist so wesentlich einfacher und die Bruchgefahr des Gerüstes vermindert.

Der letzte Drachen erhält auf der Rückseite eine dreischenklige Waage. An ihr wird der Leitdrachen befestigt.

Der Leitdrachen sollte etwa 30 m über dem letzten Drachen des Gespanns fliegen.

Bei Sechsecken, die eine andere Kantenlänge haben als die von uns gewählten 50 cm, verändert sich auch der Abstand der Drachen. Die Länge der unteren Waagenschenkel L errechnet sich dann wie folgt:

$$L = \sqrt{a^2 + b^2}$$

wobei a = Kantenlänge des Sechsecks, b = Abstand der einzelnen Drachen (3fache Kantenlänge) ist.

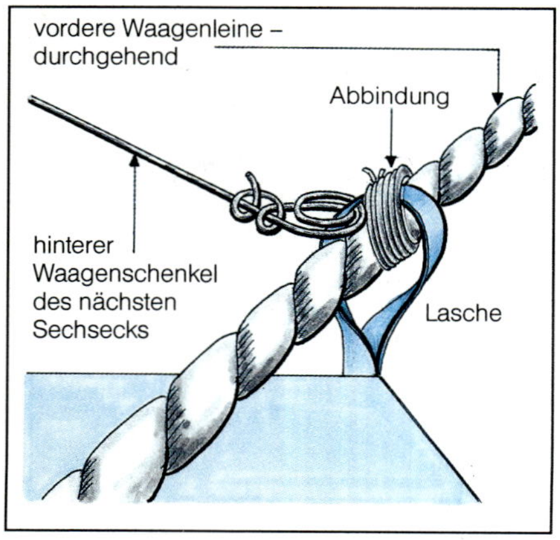

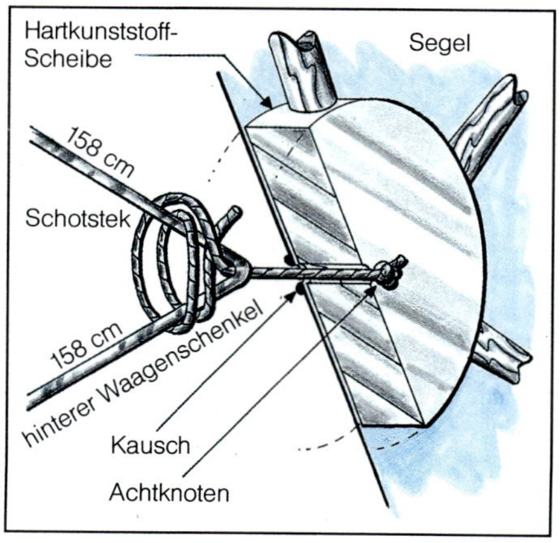

Delta

Für einen erfolgreichen Start benötigt der Deltadrachen nur eine leichte Brise. Ein idealer Startplatz ist der Strand. Konstante Winde und ein offenes Gelände machen das Drachenfliegen zu einem Vergnügen. Häufig reicht dem Delta eine kräftige Thermik, um in großer Höhe zu schweben. Sein Vorgänger, der flexible Drachen, wurde 1948 von Francis Rogallo erfunden. Aufgrund seiner guten Flugleistungen findet der Delta immer mehr Anhänger unter den Drachenpiloten. Einige Drachenbauer haben sich auf den Delta spezialisiert. Sie variieren Flügel und Kiel ihres Lieblingsdrachens, um noch bessere Flugeigenschaften zu erzielen.
Sollten Sie noch Schwierigkeiten mit dem Nähen von Spinnakernylon haben, kann der Delta in folgender Bauanleitung auch aus Tyvek genäht werden.

Baumaterial:
150 x 100 cm Spinnakernylon oder Tyvek
3 Raminrundhölzer, 0,6 cm ⌀
1 Raminrundholz, 0,7–0,8 cm ⌀
Kauschen, 0,5 cm ⌀
10 cm Gurtband, 1 cm breit
2 D-Ringe 1,4 cm ⌀

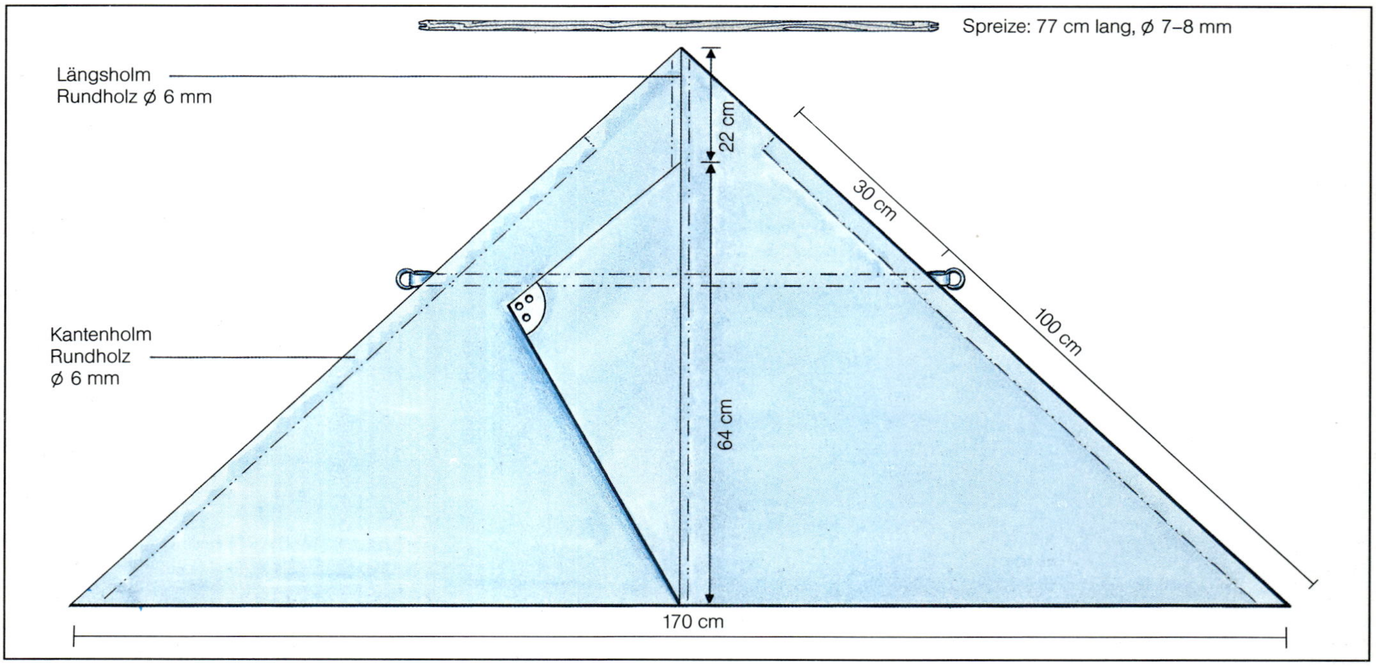

Bauanleitung:
Um mit möglichst wenig Verschnitt bei der Herstellung des Drachensegels zu arbeiten, wird das Segel aus einem Quadrat zugeschnitten. Zeichnen Sie den Umriß (91 x 91 cm) auf das Spinnakernylon. Es müssen sämtliche Zugaben für Säume und die Taschen markiert werden. Mit einem Lötkolben wird das Nylon diagonal getrennt. Die Umrisse des Kiels werden, ebenfalls unter Berücksichtigung der Saumzugaben, auf ein Stück Nylon gezeichnet und ausgeschnitten. Die Schlepp- und Leitkanten der Flügel sowie die Außenkanten des Kiels werden gesäumt. Um die Tasche für den Längsholm zu nähen, werden die beiden Flügel, mit den bereits genähten Säumen nach innen, übereinander gelegt. Mit dem Kiel werden die drei Teile vernäht (siehe Nähtechnik 11 und 12). Der Abstand der beiden Nähte richtet sich nach der Stärke des Längsholms. Bei einem Holm von 0,6 cm Stärke sollte er 1,5 cm betragen.
Wenn Sie beim Nähen der Taschen Schwierigkeiten haben, helfen Stecknadeln beim Fixieren des Stoffes.

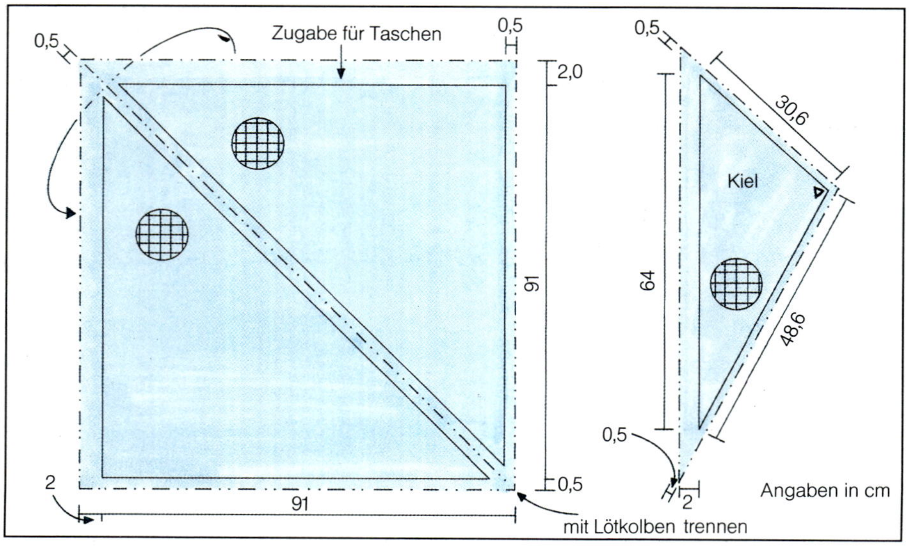

Der Delta ist ein halbflexibler Drachen. Die Spreize verbindet die Kantenholme. Sie ist nicht starr mit dem Längsholm verbunden. Das ermöglicht den Flügeln, sich frei dem Wind anzupassen. So wird man bei unterschiedlichen Winden variable Flügelstellungen beobachten.
Die Tasche für die Spreize kann auf verschiedene Weise hergestellt werden. Jeder Drachenbauer hat seine spezielle Methode (vgl. Nähtechniken). Ich bevorzuge die Halterung mit dem D-Ring. Ein D-Ring ist widerstandsfähig und erlaubt ein schnelles Zusammenbauen des Drachens. Markieren Sie die Position des D-Rings an der Leitkante. Zusammen mit einer 1 cm breiten Schlaufe aus Gurtband wird der Ring auf die Rückseite der Flügel genäht. Wenn Sie mit Ihrer Nähmaschine Gurtband nähen, kann die Nadel brechen. Bei stärkerem Gurtband ist es manchmal notwendig, eine stärkere Nadel zu verwenden. An Stelle von Gurtband kann man auch mehrfach gelegtes Spinnakernylon nehmen.
Aus einem Rest Spinnakernylon werden die Taschen der Kantenholme hergestellt. Dafür werden zwei Rechtecke (101 x 3 cm) zugeschnitten und ihre Kanten umsäumt. Die Rechtecke auf die Oberseite der Drachenflügel nähen. Sie sollen bündig mit der Flügelkante abschließen.

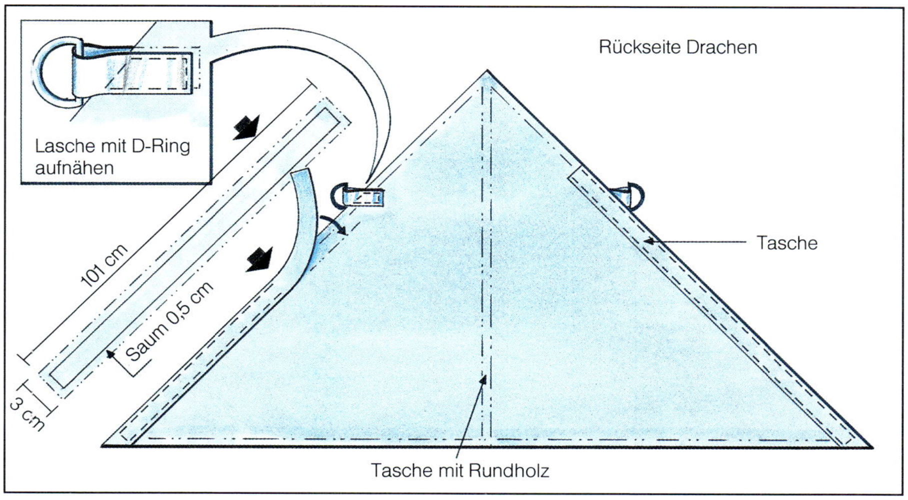

Die vordere Tasche der Kantenholme nicht verschließen. Die Rundhölzer sind so bei einem eventuellen Bruch problemlos austauschbar.
Schieben Sie den Längsholm in die entsprechende Tasche. Beide Seiten der Tasche werden anschließend mit einer Naht verschlossen.
Es sollte nicht darauf verzichtet werden, den Kiel an der Stelle, wo die Ösen sitzen, mit einer extra Lage Spinnakernylon oder Dacron zu verstärken. Die Öse wird dann auch bei stärkerem Wind nicht aus der Segelkante reißen.
Die Löcher für die Kauschen stanzt man mit der Lochzange. Auch mit einem Lötkolben lassen sich Löcher schneiden. Der Vorteil dabei: die Ränder verschweißen sich automatisch. Die Öse hat dadurch noch mehr Halt. Bei starkem Wind sollte man die Drachenbeine in der oberen Öse befestigen, bei mäßigem Wind in der mittleren und bei schwachem Wind in der unteren.

Nachdem sämtliche Näharbeiten beendet und die Ösen eingeschlagen sind, werden die Kantenholme in die Taschen geschoben.
Der 0,8-cm-Spreizstab wird auf Länge geschnitten (77 cm). Zum Einkerben der Enden benutzt man eine Säge oder eine kleine Schlüsselfeile. Wollen Sie diese Kerben besonders haltbar machen, taucht man die Enden der Spreize in Kaltleim. Der getrocknete Leim verhindert ein Spalten der Spreize bei hoher Belastung.
Der Delta ist ein ausgezeichneter Leichtwinddrachen. Sie merken schnell, daß ein Handstart ohne weiteres möglich ist. Bei Turbulenzen in Bodennähe kann er sich unruhig verhalten. Lassen Sie den Delta durch zügiges Nachgeben der Leine rasch Höhe gewinnen.
Bei starkem Wind ist die Spreize besonders belastet. Darum sollte man diese in unterschiedlichen Stärken vorrätig haben.
Für solche Fälle habe ich immer eine Bambusspreize parat. Achten Sie darauf, daß der Bambus nicht zu unsymmetrisch ausfällt. Ungleiche Gewichtsverteilungen wird Ihnen der Delta nicht verzeihen.
Sie können den Delta in seiner Größe variieren. Dafür ist es notwendig, die Angaben in den Zeichnungen maßstabgetreu zu verändern. Selbstverständlich verändern sich dadurch auch die Querschnitte der Rundhölzer.
Für einen Delta ab 3 m Spannweite sollte man auch für die Kantenholme Bambus verwenden. Für meinen größten Delta mit einer Spannweite von 10 m habe ich Bambus mit einem Durchmesser von 3 cm benötigt.
Der größte mir bekannte Delta hat ein Segel von 45 m². Sein Erbauer nimmt zwei zusammengesetzte Surfmasten als Spreize.
Aber nicht allein die Größe zählt. Mit zunehmender Größe verliert der Delta seine elegante Form. Der Fachmann spricht dann vom »Ohren anlegen«.

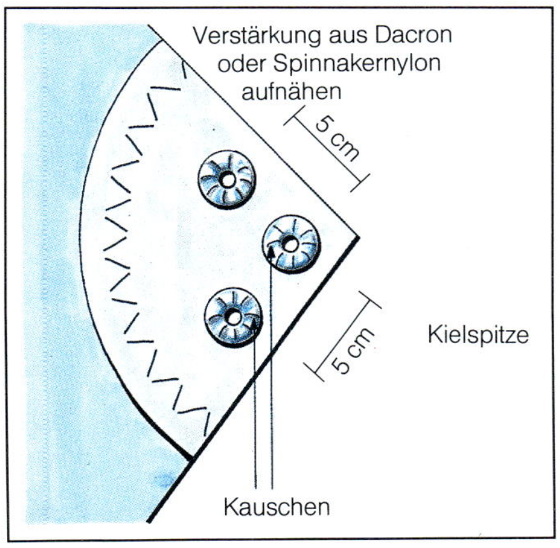

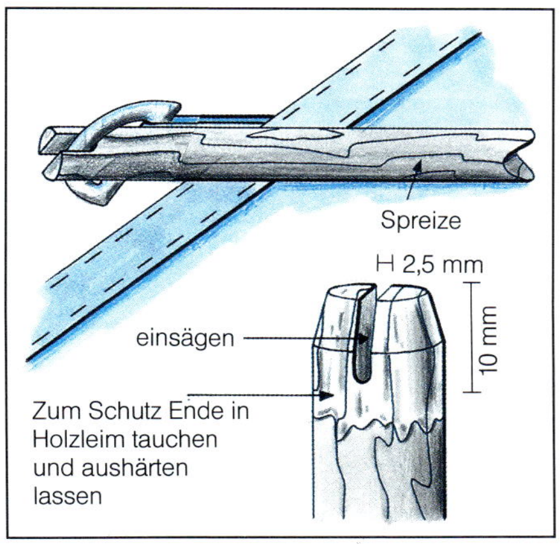

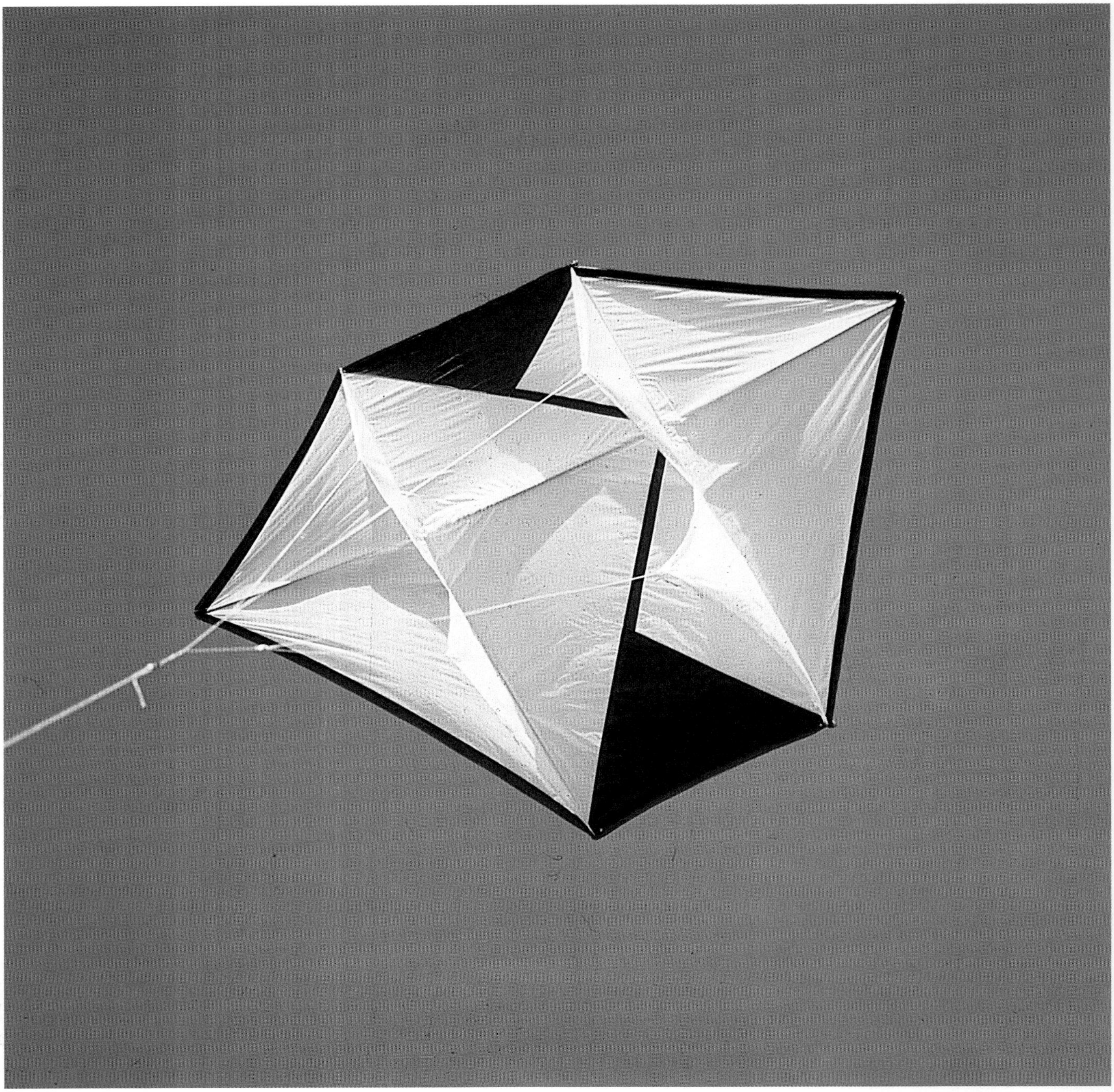

Flare

Der Flare ist eine Drachenkonstruktion aus jüngerer Zeit. Seine Querstrebe wölbt sich im Flug und gibt somit dem Drachen Stabilität. Die an der Unterseite angebrachten Kiele sorgen für Seitenstabilität. Der Flare ist ein ausgezeichneter Leichtwinddrachen. Bei böigen Winden kann er sich launisch verhalten. Eine Windturbine als Schleppsack wirkt dann als zusätzlicher Stabilisator.
Durch den steilen Waagenwinkel entwickelt der Drachen eine hohe Zugkraft. Es kann vorkommen, daß der Flare fast senkrecht über Ihnen fliegt. In großen Höhen neigt er zum Segeln.

Baumaterial:
2 x 1 m Spinnakernylon
2 Raminrundstäbe, 100 cm lang, 0,6 cm ⌀
1 Raminrundstab, 144 cm lang, 0,7–0,8 cm ⌀
10 cm Gurtband, 2 cm breit
Nylonschnur, 0,1 cm ⌀
3 Schlüsselringe, 1,2 cm ⌀

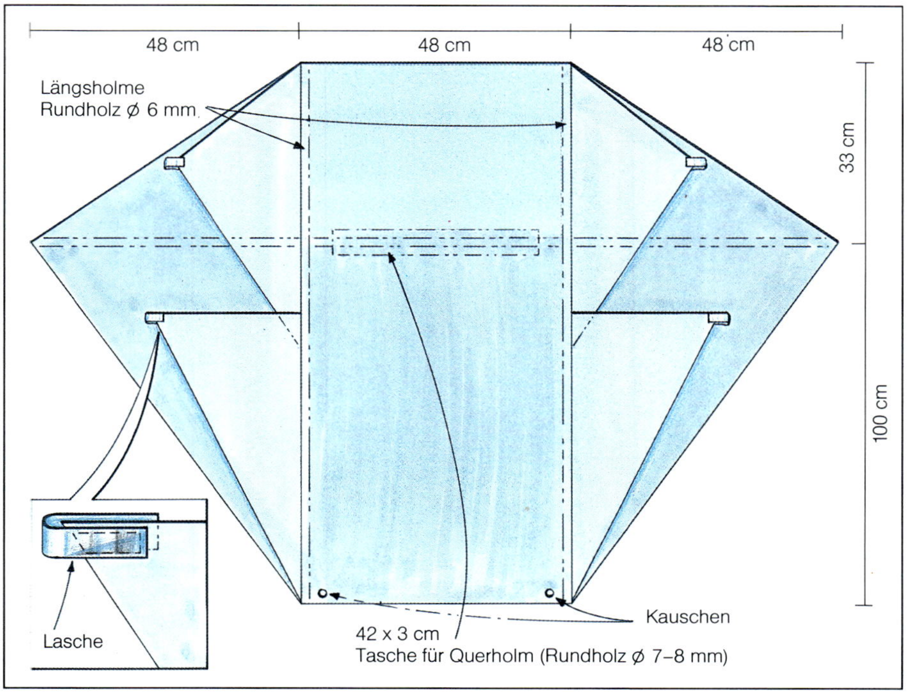

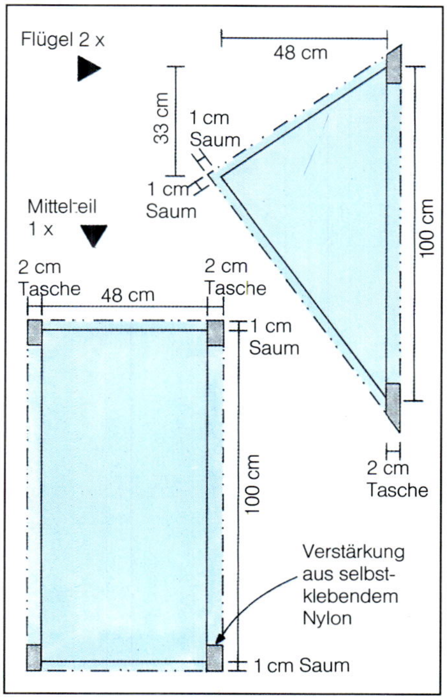

Bauanleitung:
Das Segel des Flares besteht aus zwei Flügeln und einem Mittelteil. Umrisse der Teile auf Spinnakernylon zeichnen. Zugaben für die Säume und Taschen dabei nicht vergessen. Segelflächen mit einem Lötkolben ausschneiden. Zwei vordere und zwei hintere Kiele aus Spinnakernylon zuschneiden.
Flügel, Mittelteil und Kiele an den entsprechenden Kanten säumen (siehe Nähtechnik 2).
Die Taschen an den Flügelspitzen aus Gurtband nähen (siehe Nähtechnik 9). Aus einem Rest Spinnakernylon ein 42 x 3 cm großes Stück schneiden und alle Kanten säumen. Die Tasche auf die Rückseite des Mittelteils nähen.

Beide Taschen für die Längsholme nähen (siehe Nähtechnik 11 und 12). Flügel und Mittelteil so zusammenlegen, daß die Vorderseiten außen liegen. Flügel, Mittelteil und die beiden Kiele zusammennähen. Ein Tip: Wer beim Nähen der Taschen Schwierigkeiten hat, sollte die Teile vorher mit Nadeln zusammenstecken. Die Nähte können auch mit einem Kleber fixiert werden.
Die Spitzen der Kiele mit Laschen versehen. Mehrfach gelegtes Nylon oder ein schmales Gurtband eignet sich dafür.
Die 1 m langen Längsholme in die Taschen schieben und diese mit Nähten verschließen. Der Querholm sollte stramm zwischen die Flügelspitzen eingepaßt werden.

Die vierschenklige Verbundwaage wird mit einem Palstek an den Kielen befestigt. Ein Schlüsselring ermöglicht das Verstellen des Flugwinkels. Bei starkem Wind wird der hintere Waagenschenkel verkürzt.
Zum Start des Flares sind keine Helfer nötig. Er läßt sich problemlos aus der Hand starten. Für höhere Windgeschwindigkeiten sollte man einen stärkeren Querholm immer dabei haben. Zwei kleine Kauschen an der Hinterkante des Flares halten den Schleppsack.

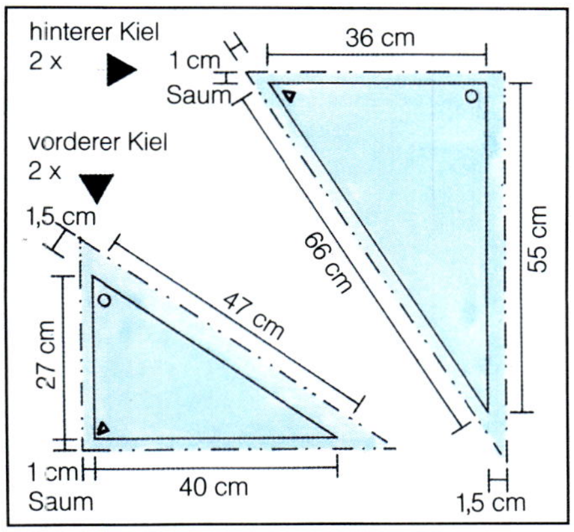

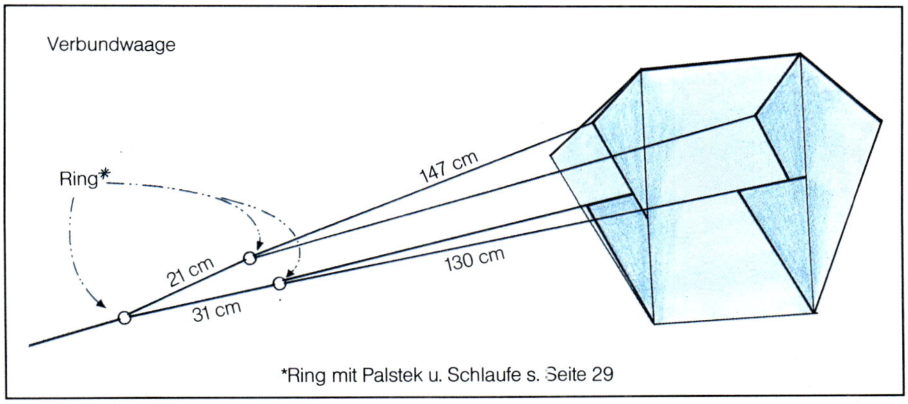

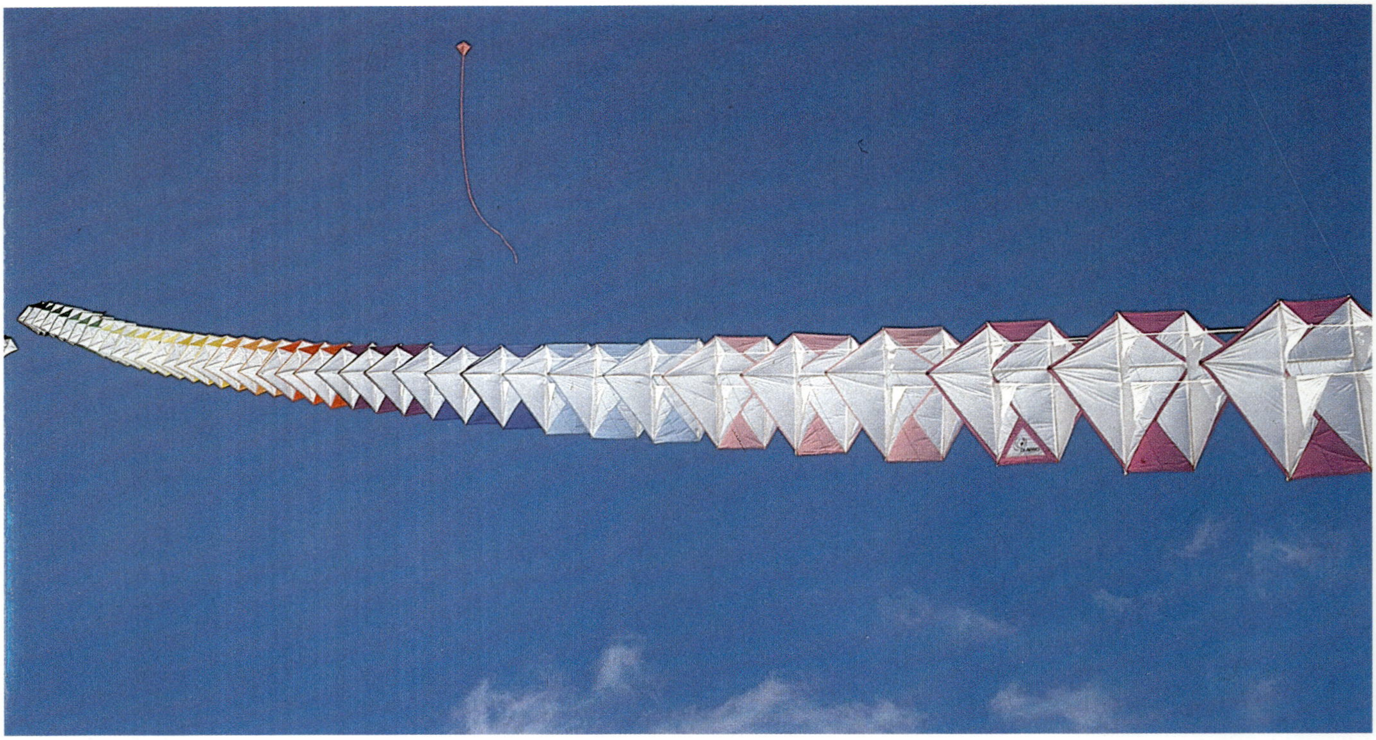

Flaero-Train

Wegen seines überlappenden Eddy-Motivs habe ich diesem Gespann aus 39 einzelnen Flares den Namen Doppel-Eddy-Flaero-Train gegeben. Das Gespann fliegt auch ohne Leitdrachen wie eine Himmelsleiter, fast senkrecht über seinem Piloten.
Vier Waagenleinen verbinden die einzelnen Flares. Die Kiele des Flares werden vor dem Zusammennähen des Segels mit Gurtband verstärkt. Die beiden Enden des Gurtbandes bilden eine Schlaufe. Diese sorgfältig mit den Kielen vernähen (siehe Nähtechnik 13 und 14). Nachdem alle Drachen des Gespanns so verstärkt wurden, verbindet man sie mit vier Waagenleinen.
Achtung: Die vorderen Waagenschenkel sind 170 cm, die hinteren 156 cm lang.
Die Verbindungsleinen nun mit Palstek befestigen.
Die Belastung der ersten Drachen hängt von der Länge des Zuges ab. Bei meinem Zug haben die ersten zehn Drachen 0,6 cm starke Verbindungsleinen. Zum letzten Drachen hin nimmt der Querschnitt der Leinen stetig bis auf 0,1 cm ab. Außerdem haben die ersten sechs Drachen ein Gestänge aus 0,6 cm starkem GFK. Soll ein Leitdrachen den Start erleichtern, erhält der letzte Flare auf der Rückseite eine vierschenklige Waage zur Befestigung des Leitdrachens. Die zeitraubende Arbeit an dem Gespann wird durch den phantastischen Anblick des Flaero-Trains am Himmel belohnt.

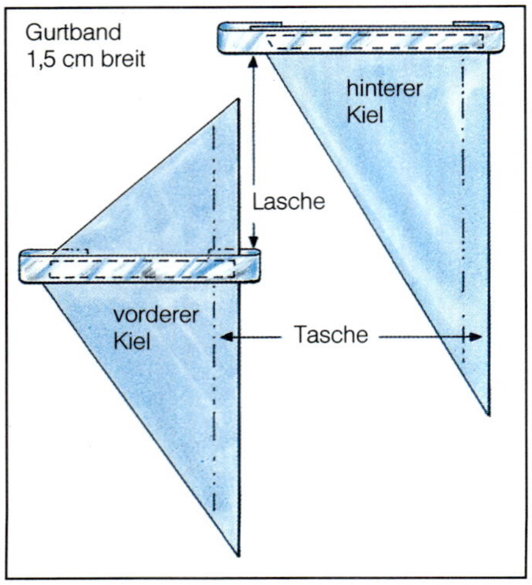

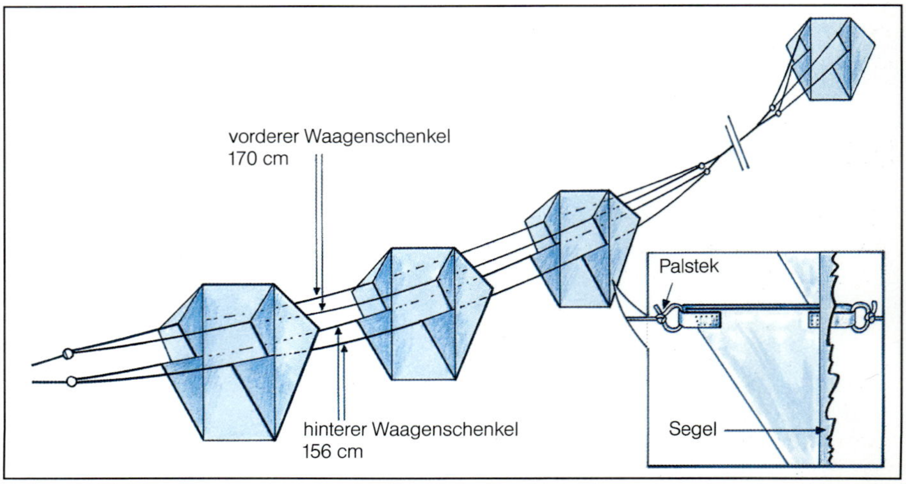

Multiflare

Wie sein kleiner Bruder ist auch der Multiflare ein ausgesprochener Leichtwinddrachen. Aber schon bei mittleren Windgeschwindigkeiten entwickelt der Flare große Zugkräfte. Es ist ratsam, den Drachen mit Lederhandschuhen steigen zu lassen. Er kann in seiner Größe variiert werden. Ich habe einen Multiflare von 35 m² gebaut. Er ist mühelos imstande, zwei Personen in die Höhe zu heben.

Die geometrische Form des Drachens erlaubt eine interessante grafische Gestaltung. Zeichnen Sie vor Baubeginn den Umriß des Flares auf ein Papier, und entwickeln Sie Ihr eigenes Muster. Das Trimmen der 12 Waagenschenkel sieht kompliziert aus. Die folgende Bauanleitung zeigt auf, wie das Trimmen der Waagen ohne Probleme möglich ist. Der Multiflare wird bei böigem Wind mit einem Schleppsack geflogen.

Baumaterial:
9 m² Spinnakernylon
12 m Kunststoffrohr, 1,5 cm ∅, oder
6 Raminrundhölzer, 2 m lang, 1–1,2 cm ∅
(für den Querholm 2 Stück)
Dacron zum Verstärken
12 cm Gurtband, 2 cm breit
12 Kauschen, 0,5 cm ∅
selbstklebendes Nylon
1 Schlüsselring, 2,5 cm ∅

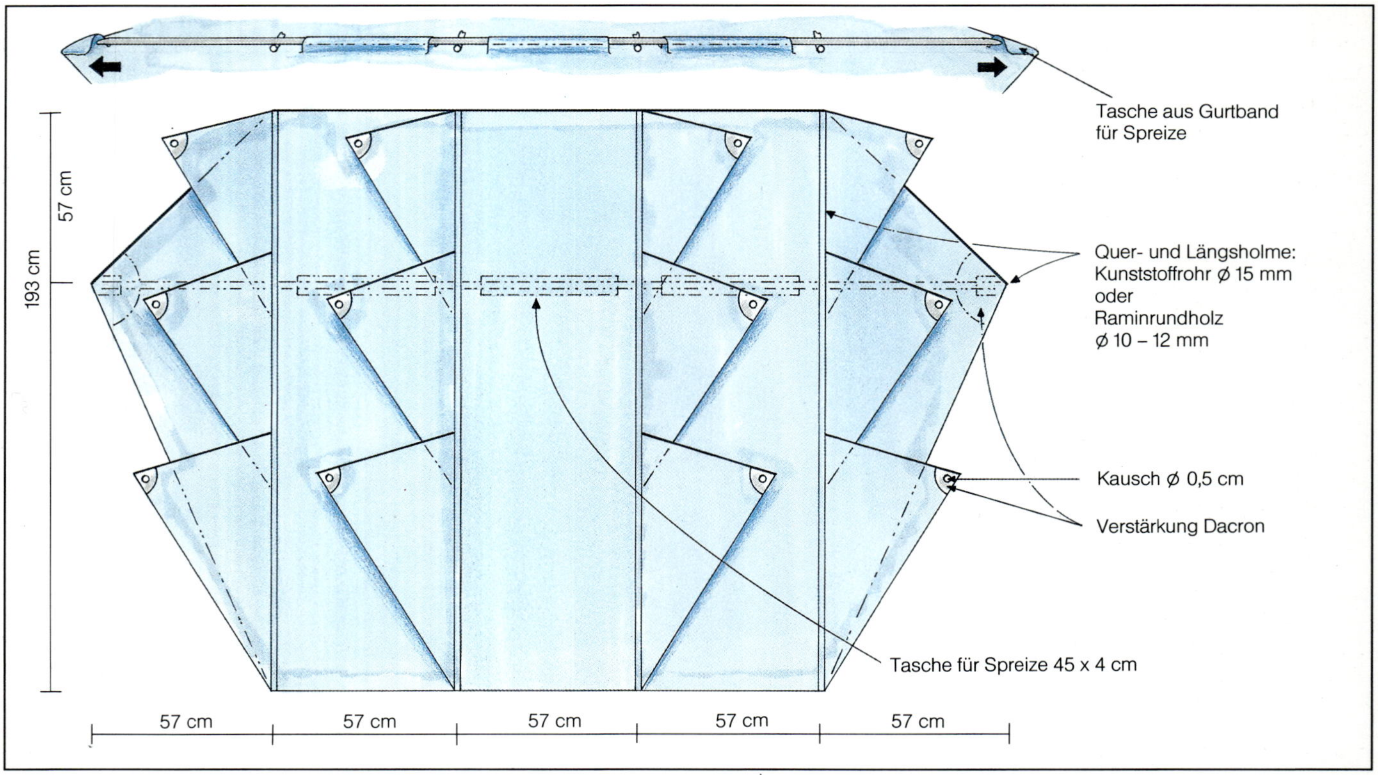

Bauanleitung:
PVC-Kunststoffrohr oder 1,2-cm-Raminrundstäbe eignen sich als Gerüst für den Multiflare. Das Kunststoffrohr ist flexibel und verleiht dem Drachen die stabilisierende V-Form.
Als erstes schneiden Sie die drei Mittelteile und die Flügel aus. Zugaben für Säume und Taschen beachten. Außenkanten säumen (siehe Nähtechnik 2). Taschen für die Spreize aus 2 cm breitem Gurtband auf die Rückseite der Flügel nähen. Drei Spinnakernylonstreifen zuschneiden (45 x 4 cm) und Kanten säumen. Die Taschen in angegebener Position auf die Rückseiten der Mittelteile nähen. Vier vordere Kiele, vier mittlere Kiele und vier hintere Kiele aus Spinnakernylon zuschneiden (Schablonen verwenden), in die Säume der Kiele 5 mm breite Dacronstreifen einnähen (siehe Nähtechnik 2). Die Spitzen der Kiele sollten mit einem Stück Dacron oder Nylon verstärkt werden. Zur Befestigung der Waagen werden dann die Kauschen an die Kielspitzen gesetzt.
Verstärkungsteile aus selbstklebendem Nylon (3 x 4 cm) auf die Ecken der Mittelteile und Flügel setzen. Die Teile können auch aufgeklebt werden.
Verstärkungen so aufkleben, daß sie später innerhalb der Taschen liegen.
Wer mit dem Nähen von Spinnakernylon Erfahrung hat, kann die Segelflächen und Kiele zusammennähen (siehe Nähtechnik 11 und 12). Weniger versierte Drachenbauer kleben die Nähte erst, bevor sie mit dem Nähen beginnen. Vor dem Nähen der ersten Naht werden die Segelteile so

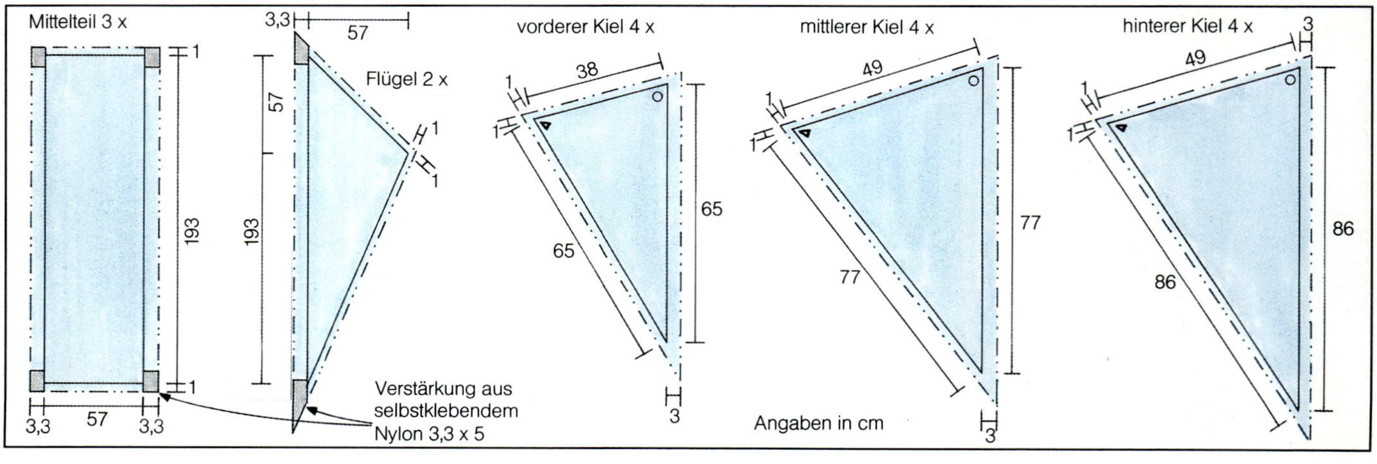

gelegt, daß die Vorderseiten außen liegen. Die Breite der Taschen richtet sich nach der Stärke der Holme. Für ein Kunststoffrohr von 1,5 cm Stärke beträgt sie etwa 2,5 cm. Saumzuschlag beachten!
Bei einem 1,2-cm-Längsholm aus Rundholz sollte die Taschenbreite etwa 2 cm betragen.
Achten Sie darauf, daß die vorderen Kanten der mittleren und unteren Kielreihe jeweils innen laufen (siehe Rißzeichnung).
Nachdem die Taschen der Längsholme genäht wurden, schließt eine Naht die untere Öffnung. Die PVC-Kunststoffrohre auf Länge schneiden und in die Taschen stecken. Taschen mit einer Naht verschließen.
Soll der Längsholm später einmal entfernt werden oder will man ihn eventuell gegen einen anderen austauschen, schneidet man die Tasche mit einem Lötkolben etwas ein.
Die PVC-Spreize auf Länge schneiden, und die Enden mit einem Rundholzpfropfen versehen. Rundholz mit einem Messer konisch bearbeiten und in die PVC-Rohre kleben. Die Spreize sollte stramm zwischen die Taschen der Flügelspitzen eingepaßt werden.
Wer eine zweiteilige Holzspreize verwendet, braucht diese nur mit einem Messer oder einer Feile zu verjüngen. Sie kann mit einem Aluminiumrohr zusammengesetzt werden, siehe Verbindungstechniken 9.
Das Trimmen der Waage ist einfach: Legen Sie den zusammengebauten Drachen auf den Boden, und beschweren Sie ihn, wie auf der Zeichnung angegeben. Ein Ring wird in einer Höhe von 2,3–2,8 m über dem Drachen befestigt

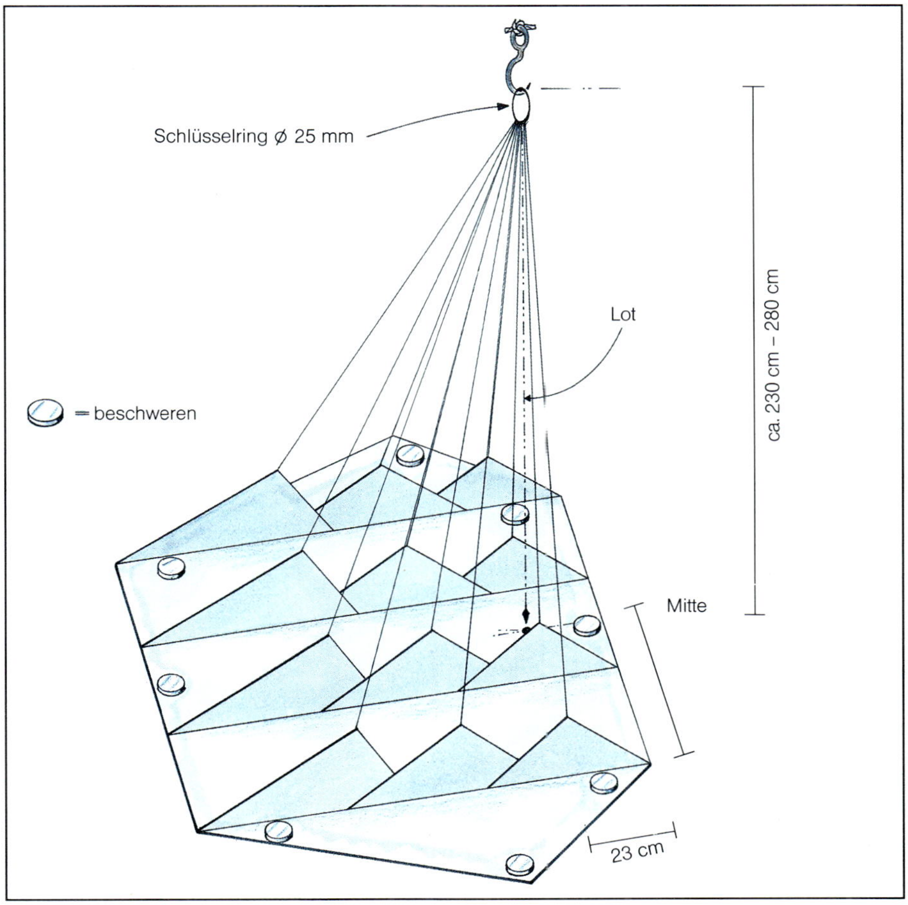

(beispielsweise an der Decke). Die Position des Ringes bestimmt ein Lot, das auf den in der Zeichnung angegebenen Punkt zeigt.
Die Waagenleinen werden mit einem Palstek an die Kiele geknotet. Dann werden sie stramm nach oben gezogen und an den Ring geführt.

Wer ganz sicher gehen will, wählt eine Verbundwaage, um ein späteres Trimmen des Multiflares auf der Wiese zu ermöglichen.

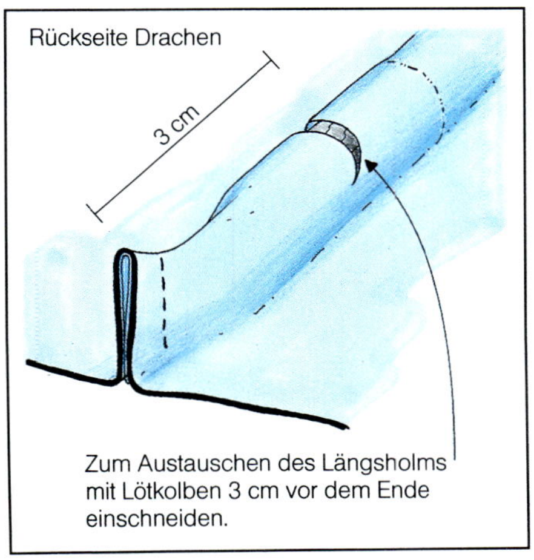

Zum Austauschen des Längsholms mit Lötkolben 3 cm vor dem Ende einschneiden.

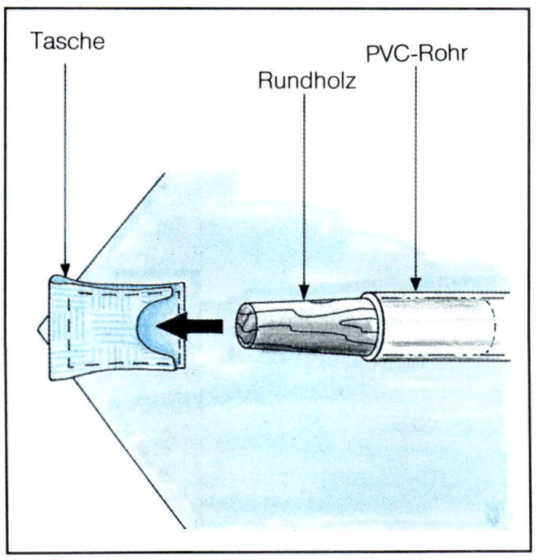

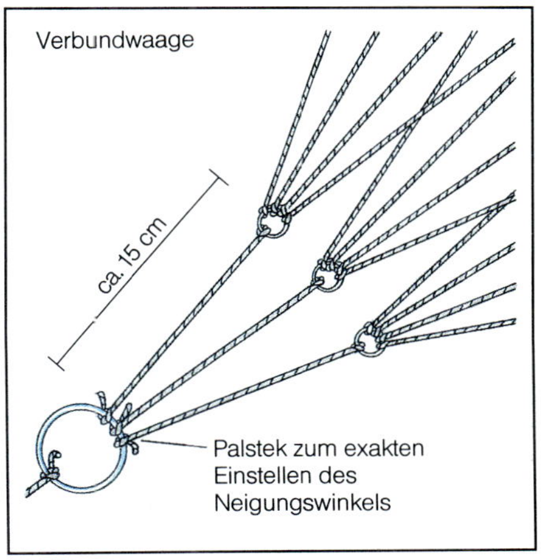

Nagasaki Hata

Der Nagasaki Hata (Kampfdrachen) hat eine lange Tradition. In der Zeit von 1639 bis 1854 war Japan für Ausländer geschlossen. Holländer durften allerdings den Hafen von Nagasaki anlaufen. Es war im frühen 17. Jahrhundert, als holländische Kaufleute von Indien kommend den Kampfdrachen nach Nagasaki brachten.
Der Nagasaki Hata ist sehr manövrierfähig. So muß beim Bauen sorgfältig auf Symmetrie und Balance geachtet werden.
Die traditionellen Farben des Hata sind Rot, Weiß und Blau, die Farben der holländischen Nationalflagge. Japanische Drachenspezialisten fliegen den Kampfdrachen sogar bei Windstille.
Die Leine des Hatas wird mit einer glasstaubhaltigen Paste bestrichen. Somit kann die gegnerische Leine mit starkem Ruck durchtrennt werden. Der Drachen erhält seinen Flächenwinkel (Stabilität) erst durch den Winddruck oder ein Ziehen an der Leine. Wird die Flugleine nachgegeben, taumelt der Drachen.
Der geschickte Kampfdrachenflieger unterbricht diesen Taumelvorgang an einer bestimmten Position und läßt den Drachen durch Ziehen an der Leine wieder eine stabile Flugbahn einnehmen. Die Richtung dieser Flugbahn ist immer die Richtung, in die die Spitze des Hatas zeigt.
Um möglichst schnell Leine geben und einholen zu können, wird sie nicht auf eine Haspel gerollt, sondern auf dem Boden ausgelegt. Es ist sogar möglich, den Drachen mit der Spitze gegen den Wind zu fliegen.
Das Kampfdrachenfliegen ist in Japan eine Sportart. Jedes Jahr im Frühjahr finden in der Umgebung von Nagasaki viele Kampfdrachenwettbewerbe statt. Immer wenn der Ruf »Katsuro« ertönt, fliegt ein abgetrennter Hata zu Boden. Ein Rennen beginnt, und derjenige, der den Drachen zuerst vom Boden aufhebt, ist sein neuer Besitzer.

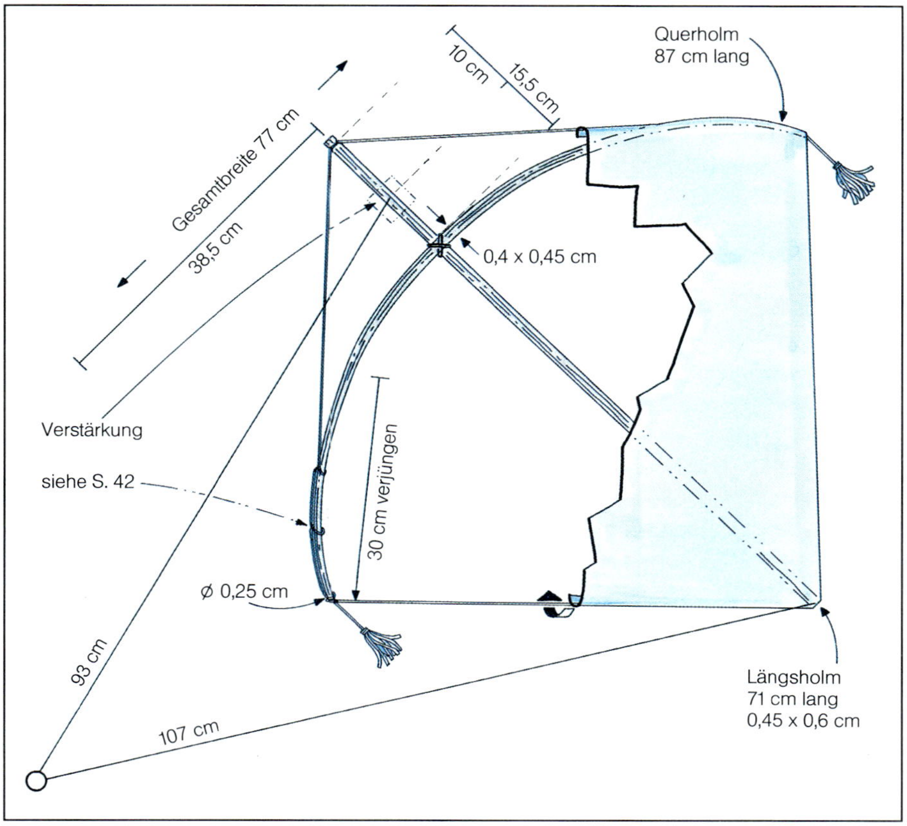

Baumaterial:
0,7 m² Drachenpapier (Pergamin)
gespaltener Bambus, 71 cm lang, 0,45 x 0,4 cm
gespaltener Bambus, 87 cm lang, 0,45 x 0,4 cm, oder GFK-Stab, 0,3 cm ø
Nylonschnur, 0,5 mm ø

Bauanleitung:
Wer auf Tradition Wert legt, sollte beim Bau des Nagasaki Hata Bambus verwenden. Die Gerüstteile können aus einem 2,5 cm starken Bambusrohling durch Spalten gewonnen werden (siehe Bambus spalten Seite 17).
Der 0,4 x 0,45 cm starke Querholm wird mit einem Messer zu seinen Enden hin auf 0,25 x 0,25 cm verjüngt. Dies sollte etwa 30 cm vor Ende beginnen. Achten Sie bei der Auswahl des Querholms darauf, daß Unebenheiten im Bambus die Symmetrie des gebogenen Stabes beeinflussen können. Die Bambusstäbe müssen nach der Bearbeitung mit dem Messer mit Schmirgelpapier geglättet werden, um Splitter zu vermeiden.
Ein 0,3-cm-GFK-Stab kann den Bambusquerholm ersetzen. Das Verjüngen der Enden erübrigt sich. Man sollte aber bedenken, daß GFK schwerer ist und somit mehr Wind benötigt wird.
Die Holme durch kreuzweises Abbinden an der entsprechenden Stelle verbinden. Achtung: Hier muß unbedingt auf Gleichgewicht und Symmetrie geachtet werden. Der Querholm wird mit der schmaleren Seite (0,4 cm) auf den Längsholm gelegt.
Mit einer Nylonschnur (0,5 mm ø) wird das Gerüst umspannt. Beginnen Sie am Fußteil mit einem Webeleinenstek.

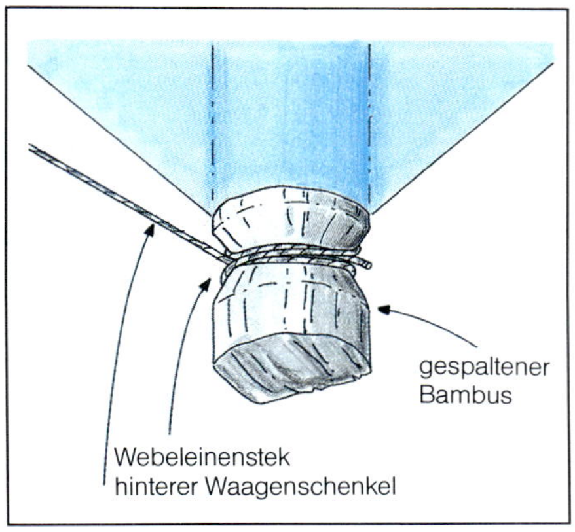

Die Schnur mit Webeleinenstek an den Flügelspitzen befestigen und die Flügelspitzen durch Spannen nach unten biegen. Die Spannschnur wird auch am Querholm mit jeweils zwei halben Schlägen gehalten.
Das fertige Drachengerüst wird mit dem Querholm nach unten auf das Drachenpapier gelegt. Wer eine farbige Bespannung wünscht, klebt vorher die entsprechenden Teile zusammen. Die Umspannung des Gerüstes als Schablone benutzen und das Papier ausschneiden (1,5 cm Zugabe für den Saum).
Den Saum um die Spannschnur legen und ankleben.
Ein 3 cm großes Verstärkungsstück für die Waagendurchführung auf die Rückseite des Segels kleben.
Die Waage aus Nylonschnur anbringen; der vordere Waagenschenkel beträgt 93 cm, der hintere 107 cm.
Zur zusätzlichen Stabilisierung des Hatas wird an die Flügelspitzen eine Papierquaste angebracht. Dazu wird ein ca. 8 cm breiter Papierstreifen aufgerollt und mit einer Schere streifenförmig eingeschnitten. Eine Heftung hält den Papierquast zusammen.
Wer noch nie einen Kampfdrachen geflogen hat, sollte sich zum Start einen Helfer nehmen. Zusätzlich 5–10 m Leine abrollen und auf den Boden legen. Ein Hochstart hilft über die ersten Schwierigkeiten beim Steuern dieses Einleinen-Lenkdrachens hinweg.
Kampfdrachenspezialisten benutzen Leinen, die das Durchtrennen der gegnerischen Schnur erleichtern. Sie bearbeiten ihre Leinen mit einer Paste. Hier ist das Rezept: Kleine Glasscherben fein zermahlen. Reis kochen und den weichen Reis mit dem Glasmehl vermengen. Ein etwa 7 m langes Stück Leine unterhalb der Waage wird mit dieser Mischung getränkt. Aber bitte nur für den Wettkampf benutzten!

Indischer Kampfdrachen

Der indische Kampfdrachen unterscheidet sich nur wenig von seinem japanischen Gegenstück. An Stelle der seitlichen Quasten sorgt eine Schwanzflosse für Stabilität. Es gehört schon ein wenig Erfahrung dazu, diesen schnellen und feinfühligen Drachen zu fliegen. Eine stabilere Fluglage für den Übungsflug erreicht man durch folgenden Trick: Befestigen Sie ein kleines Gewicht (beispielsweise Knetmasse) an der Spitze des Drachens. Der Drachen reagiert so langsamer auf Ziehen und Nachgeben der Leine. Wird das Gewicht am Längsholm in Richtung Schwanzflosse verschoben, fliegt der Kampfdrachen instabiler.

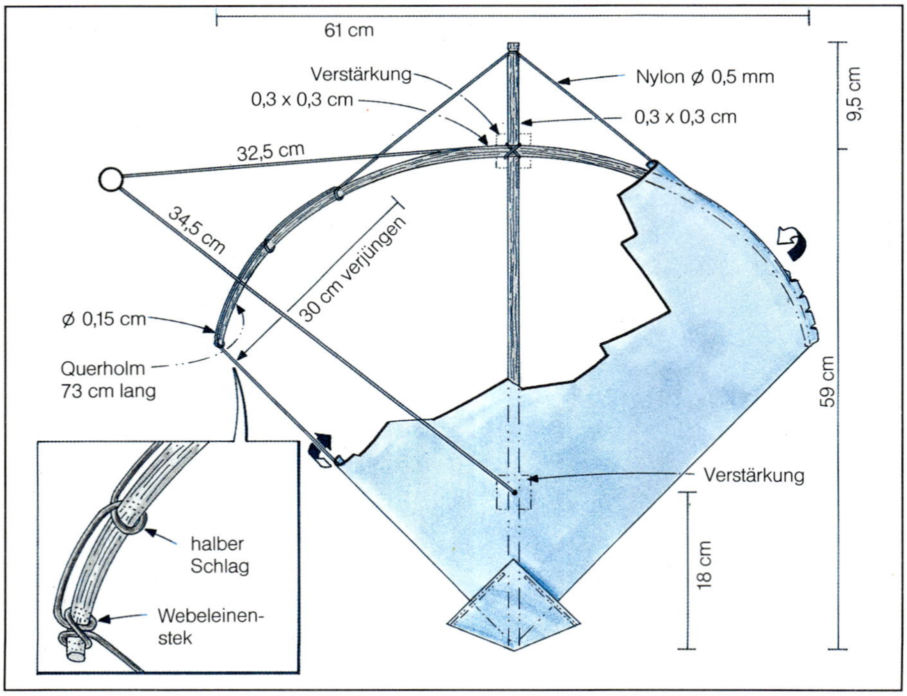

Baumaterial:
0,6 m² Drachenpapier (Pergamin)
gespaltener Bambus, 59 cm lang, 0,3 x 0,3 cm
gespaltener Bambus, 73 cm lang, 0,3 x 0,3 cm, oder
GFK-Stab, 0,2 cm ∅
Nylonschnur, 0,5 mm ∅

Bauanleitung:
Gehen Sie beim Bau des indischen Kämpfers genauso vor, wie beim Nagasaki Hata beschrieben. Der Querholm wird mit einem Messer zu seinen Enden hin auf 0,15 cm reduziert. Den Querholm mit der schmalen Seite auf dem Längsholm durch Kreuzbindung befestigen.
An Stelle des Bambusquerholms kann man auch einen GFK-Stab nehmen. Die Verstärkungen für die Waagendurchführungen auf die Rückseite des Drachens kleben. Vorderen Waagenschenkel am Kreuzpunkt des Gerüstes befestigen. Der hintere Waagenschenkel wird mit einem Kreuzknoten am Längsholm verknotet.
Die Schwanzflosse zuschneiden. Auf die Vorderkanten der Flosse jeweils ein 0,1 cm starkes Stück gespaltenen Bambus kleben. Die Schwanzflosse mit Bambus nach innen auf die Vorderseite des Kampfdrachens kleben.

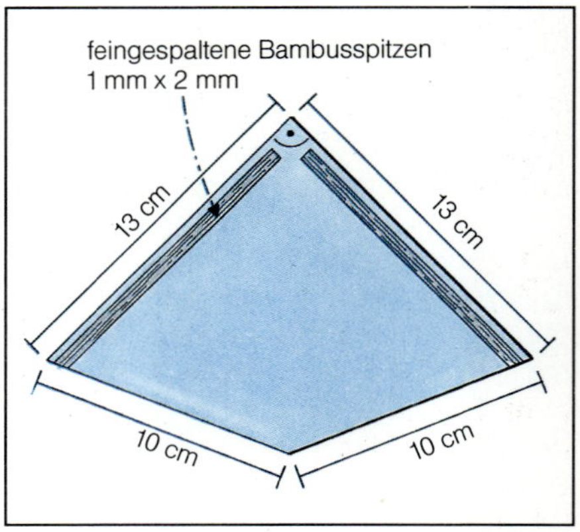

Sanjo Rokkaku

Seit über 250 Jahren wird in Shirone (Japan) mit dem Sanjo Rokkaku um Ruhm und Ehre gekämpft. Der Rokkaku wird in einer Standardhöhe von 330 cm gebaut. 50 Drachenteams versuchen die Leine des Gegners zu durchtrennen. Die Drachenteams kommen aus zwei Dörfern. Sie stehen sich am linken und rechten Ufer eines 70 m breiten Kanals gegenüber. Durch geschicktes Trimmen der Waage ist es möglich, die Kampfdrachen über das gegnerische Ufer zu steuern. Das Trimmen der Waage bleibt ein Geheimnis jedes Teams.

Der Sanjo Rokkaku muß mit großer Sorgfalt gebaut werden. Das exakte Einstellen der Waage und Trimmen der Bogensehnen machen aus dem Rokkaku einen perfekten Kampfdrachen. Damit der Drachen auch von einer Person geflogen werden kann, habe ich die Höhe auf 210 cm reduziert. Um Schnittverletzungen durch die Leine zu vermeiden, sollte der Rokkaku immer mit Handschuhen geflogen werden. Wird der Längsholm entfernt und der Drachen aufgerollt, ist ein Transport ohne Probleme möglich.

Baumaterial:
4,5 x 1 m Spinnakernylon
Dacronreste
1 Raminrundholz, 210 cm lang, 1,3 cm ⌀
2 Raminrundhölzer, 176 cm lang, 1 cm ⌀
1,5 m Gurtband, 1,3 cm breit
Gurtband für Taschen, 2,5 cm breit
1 Schlüsselring, 2,5 cm ⌀
3 Schlüsselringe, 1,2 cm ⌀
22 m Nylonschnur, 3 mm ⌀
2 Schnurspanner

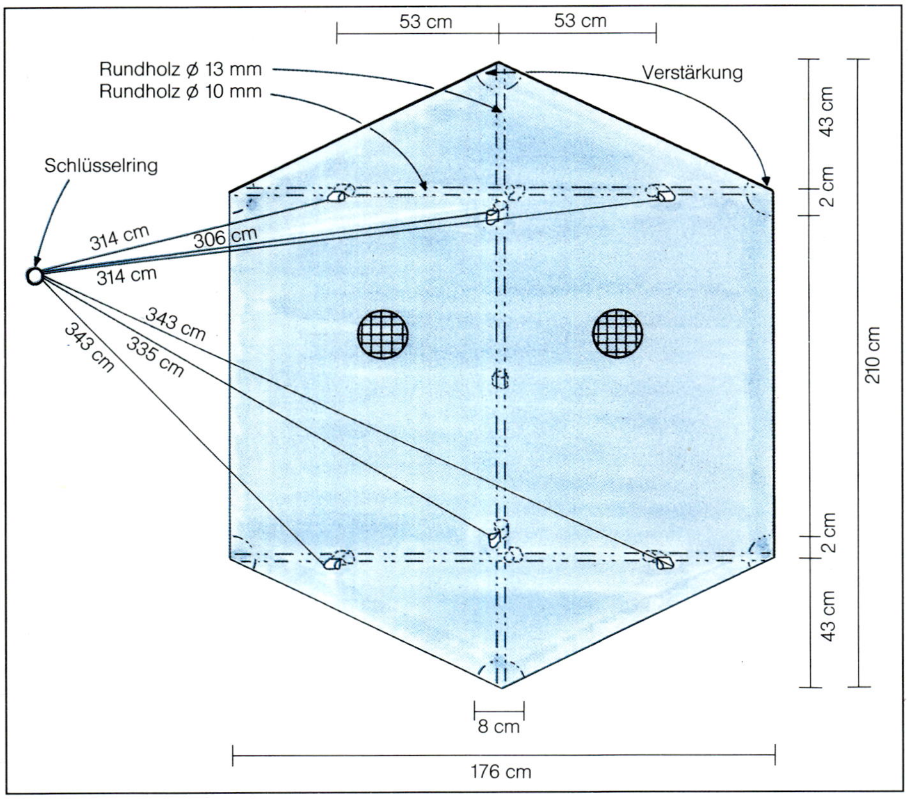

Bauanleitung:
Schneiden Sie zwei Bahnen Spinnakernylon von je 220 cm Länge zu. Die beiden Tücher an der Längsseite mit einer Kappnaht zusammennähen (siehe Nähtechnik 1). Auf einer ebenen Unterlage den Umriß des Rokkakus plus 2 cm Zugabe für den Saum auf das Nylon zeichnen. Die Kappnaht läuft vertikal.
Mit einem Lötkolben sechs Kreise (⌀ 8 cm) als Verstärkungsteile aus Dacron zuschneiden. Die Verstärkungsteile, wie in der Zeichnung angegeben, auf die Rückseite des Segels nähen.

Die sechs Seiten des Segels mit einem 1,5 cm breiten Dacronstreifen säumen (siehe Nähtechnik 2). Aus 2,5 cm breitem Gurtband Taschen für die Holme zuschneiden und auf die Rückseite des Segels nähen (siehe Nähtechnik 2). Denken Sie beim Nähen der Taschen daran, daß der Längsholm einen Durchmesser von 1,3 cm und der Querholm einen Durchmesser von 1 cm hat. Seitliche Taschen mit Laschen versehen (siehe Nähtechnik 9 und 10). Am Fußende des Segels wird an Stelle der Tasche eine Lasche aus 1,3 cm breitem Gurtband aufgenäht (siehe Nähtechnik 4). Einen 1,2-cm-Schlüsselring in der Lasche befestigen.
Als nächstes nähen Sie die sechs Schlaufen zur Führung der Holme und Befestigung der Waagenschenkel. Gehen Sie dabei genauso vor, wie auf der Zeichnung angegeben: Mit einem 13 cm langen Gurtbandstück zwei Schlaufen bilden und abnähen. Mit einem Lötkolben vier horizontale und zwei vertikale Öffnungen (je 1,4 cm) in das Segel schneiden (die genaue Position der Zeichnung entnehmen).
Die Schlaufen von oben durch die Öffnung stecken und mit dem Segel vernähen. Runde Verstärkungsteile von 6 cm ⌀ zuschneiden. Mit dem Lötkolben Öffnungen von 1,4 cm schneiden und das Dacronteil über die Schlaufe legen.
Dacron und Segel mit zwei Zickzacknähten verbinden.
Der Vorteil dieser doppelten Schlaufen ist, daß die Kraft der Waagenschenkel direkt auf die Holme übertragen wird und der Drachen zerlegbar bleibt.
Sollten Sie kein 1,3 cm starkes Gurtband haben, erfüllt mehrfach gelegtes Spinnakernylon den gleichen Zweck.
An Stelle von Dacron kann auch starkes selbstklebendes Nylon genommen werden. Durch Vernähen aber zusätzlichen Halt geben!
Eine 3 cm große Lasche auf die Rückseite der vertikalen Kappnaht nähen. Die Lasche soll in der Mitte des Segels sitzen und dient der Führung des Längsholms. Zwei weitere Laschen von 2,5 cm zur Führung der Querholme auf das Segel nähen (Positionen der Zeichnung entnehmen).
Für den Längsholm ist eine Spannvorrichtung vorgesehen. An den Ring am Fußteil des Drachens wird eine 15 cm lange 0,4-cm-Schnur gebunden. Im Ab-

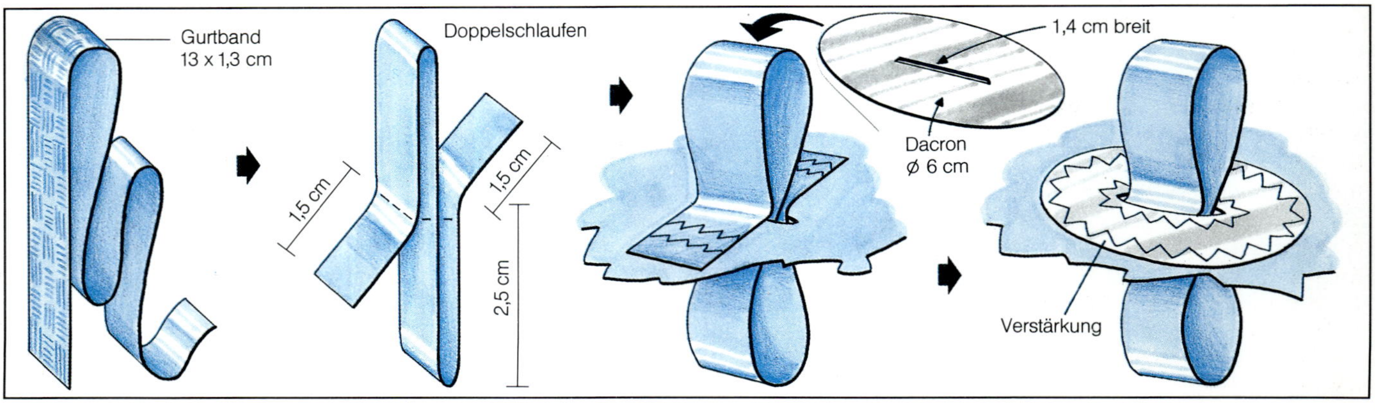

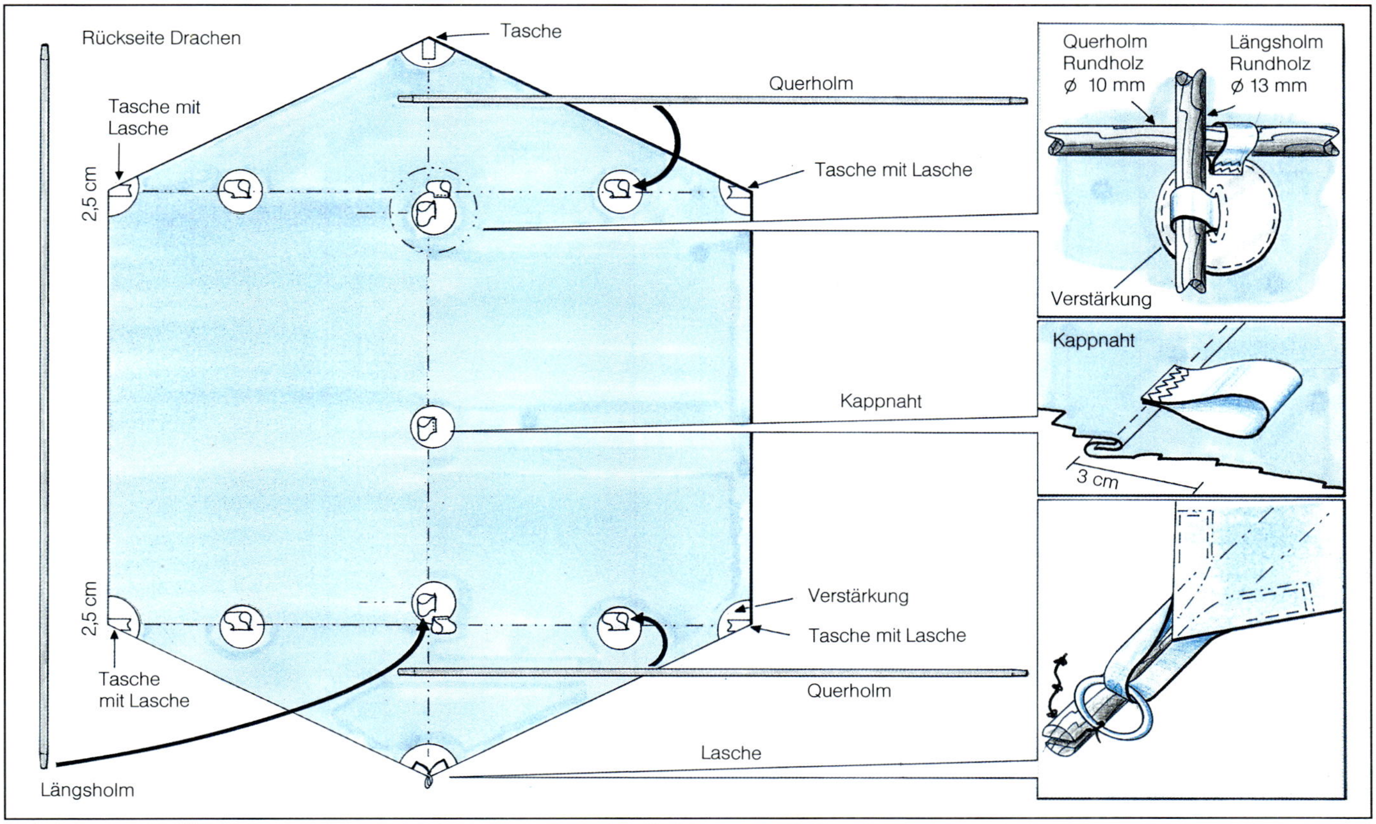

stand von je 1,5 cm 8 Knoten in die Schnur knoten.

Schneiden Sie den Längsholm auf die entsprechende Länge. An einem Ende mit einer Säge 1,5 cm tief einkerben. Die Länge des Holms soll so bemessen sein, daß mit der Spannschnur mehrere Positionen möglich sind.

Beide Querholme auf Maß sägen. Die Holme müssen stramm zwischen den Taschen sitzen.

An dieser Stelle sei folgendes erwähnt: Der Rokkaku ist ein ausgezeichneter Leichtwinddrachen. Aber auch bei stärkerem Wind zeigt er gute Flugeigenschaften. Aus diesem Grund habe ich ein zweites Gestänge aus Kohlefaser, damit ich den Drachen bei verschiedenen Windgeschwindigkeiten einsetzen kann. Die Querholme des Rokkakus werden mit einer Bogensehne gespannt (siehe Zeichnung). Knoten Sie eine 0,3-cm-Schnur an eine seitliche Lasche. An der gegenüberliegenden Lasche einen 1,2-cm-Schlüsselring befestigen. Die Schnur wird über einen Schnurspanner, den Schlüsselring und wieder zum Spanner geführt.

Durch Verschieben des Spanners haben Sie die Möglichkeit, die Wölbung des Drachens zu beeinflussen.

Durch Verstellen der Bogensehnen wird die Stabilität des Drachens verändert. Grundsätzlich gilt: der hintere Querholm ist stärker gebogen als der vordere. Mit einer Wölbung von 16 cm und 23 cm fliegt der Rokkaku stabil. Waagenleinen aus 0,3-cm-Nylonschnur anbringen. Die Waagenleinen enden an einem 2,5-cm-Schlüsselring. Soll bei einem Wettkampf der Drachen schneller reagieren, wird die Wölbung des hinteren Querholms verringert.

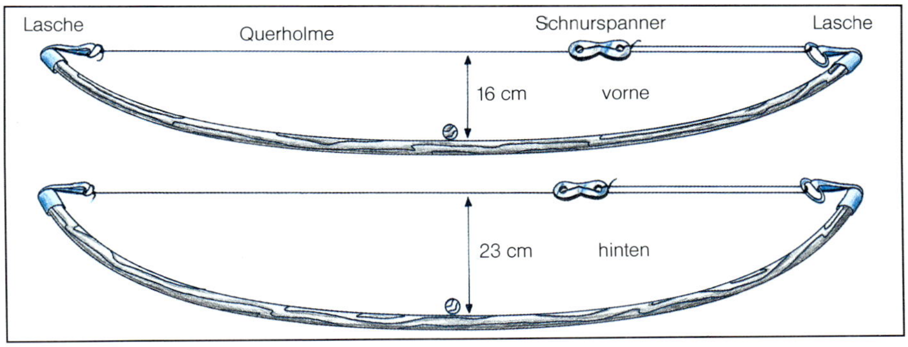

Die Regeln für den Wettkampf sind genau festgelegt. Informationen gibt es beim Drachen-Club-Deutschland e.V.

Janggaan

Drachen bauen und Steigenlassen ist auf Bali eine jahrhundertealte Tradition. Es wird angenommen, daß bereits vor 2000 Jahren die Drachen ihren Weg von China nach Indonesien nahmen. Der Janggaan wird auf Bali in einer Größe von 10 m gebaut. Der vogelartige Kopf ist mit Hibiskusblüten und bunten Gräsern verziert. Mit einem 80 m langen und 5 m breiten Schwanz sieht der Drachen wie eine gigantische Schlange am Himmel aus. Der lange Schwanz symbolisiert die endlose Versorgung mit Nahrungsmitteln. Der Janggaan wird traditionell mit zwei 5 m langen Summern (Hummer) geflogen. Ein lauter, aber angenehmer Summton ertönt, wenn ein solcher Riese über einem schwebt. Die Farben der balinesischen Drachen sind ausschließlich Schwarz, Rot, Gelb, Orange und Weiß. Um Überraschungen beim Start zu vermeiden, wird der Janggaan mit einem Hochstart gestartet.

Baumaterial:
6 x 1 m Tyvek
2 gespaltene Bambusse, 136 cm lang, 0,8 x 0,5 cm,
oder GFK-Stab, 0,3 cm Ø
1 gespaltener Bambus, 140 cm lang, 0,9 x 0,5 cm,
oder GFK-Stab, 0,6 cm Ø
2 gespaltene Bambusse, 30 cm lang, 0,2 x 0,15 cm
2 gespaltene Bambusse, 37 cm lang, 0,2 x 0,2 cm
2 Raminrundhölzer, 70 cm lang, 0,5 cm Ø
2 Raminrundhölzer, 66 cm lang, 0,4 cm Ø
1 Raminrundstab, 67 cm lang, 0,3 cm Ø
PVC-Schlauch, 5 cm lang, 0,5 cm Ø
PVC-Schlauch, 5 cm lang, 0,4 cm Ø
Styroporkugel, ca. 8 cm Ø
Nylonschnur, 0,1 cm Ø
Takelgarn; Pergamin für Fransen
1 Schlüsselring, 12 mm Ø

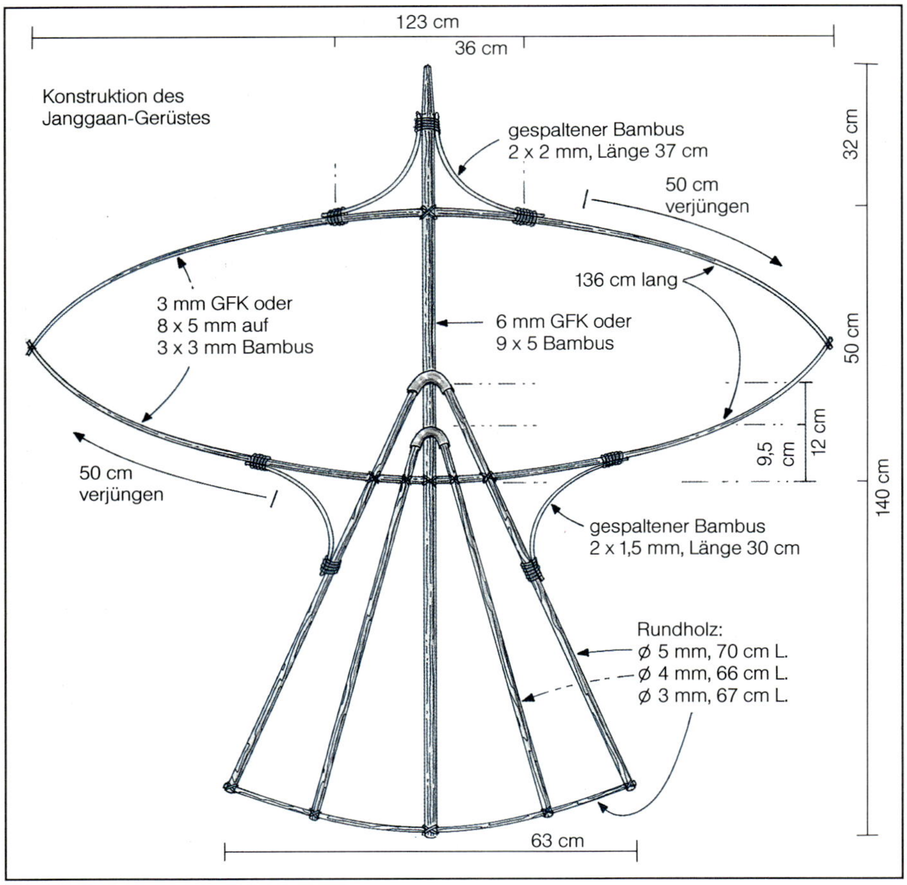

Bauanleitung:
Die Balinesen bauen das Gerüst für den Janggaan aus Bambus. Die Drachen sind in der Regel nicht zerlegbar, was den Transport erschwert. Der hier vorgestellte Janggaan hat eine Länge von 140 cm und eine Breite von 123 cm. Somit steht einem Transport im PKW nichts im Wege. Das elliptisch geformte Segel und der Längsholm können wahlweise aus gespaltenem Bambus oder aus GFK hergestellt werden. Ich empfehle Bambus, da dieses Material bei geringem Gewicht eine gute Elastizität und Zähigkeit aufweist.
Gewinnen Sie zunächst durch Spalten von Bambus zwei Streifen zu 136 cm. Die 0,8 x 0,5-cm-Stäbe zu den Enden hin auf 0,3 x 0,3 cm verjüngen. Den Längsholm durch Spalten von Bambus (140 cm lang) herstellen. Die beiden 5-cm-Schlauchstücke mit einer Lochzange in der Mitte durchstanzen. Die Schlauchteile über den Längsholm schieben. Die Querholme mit einer Kreuzabbindung am Längsholm befestigen. Enden der Querholme zusammenbinden.
Zwei 0,5- und 0,4-cm-Rundhölzer auf Länge sägen (70 cm/66 cm). Die Rundhölzer mit den Schlauchstücken am Längsholm und mit Kreuzabbindungen am hinteren Querholm befestigen (siehe Zeichnung).
Ein 0,3-cm-Rundholz verbindet die Enden der fünf Schwanzstreben.
Je zwei 0,2 x 0,2-cm- und 0,2 x 0,15-cm-Bambussplittstäbe durch feines Spalten von Bambus herstellen. Position der Splittstäbe für Kopfteil und Taille siehe Zeichnung. Die Stäbe können vor dem Verarbeiten über Wasserdampf gebogen werden.
An Stelle von Bambussplittstäben kann man auch dünnes Peddigrohr nehmen. Die Bambusteile mit Takelgarn am Gerüst befestigen.
Das Segel des Janggaan besteht aus Tyvek. Achtung: Im Bereich der Ellipse liegt der Längsholm auf der Vorderseite des Segels. Als erstes wird der elliptische Teil des Gerüstes bespannt. Mit der Ellipse als Schablone schneiden Sie das Segel (Zugabe für den Saum 2,5 cm) aus.
Das Segel wird im Bereich der Holme und im Bereich der Krümmungen 2,5 cm tief eingeschnitten und um das Gerüst geklebt.
Kopf- und Schwanzsegel zuschneiden. 2,5 cm Zugabe für den Saum. Die Segel werden im Bereich der Holme und Krümmungen 2,5 cm tief eingeschnitten.
Achtung: Hier liegt das Gerüst auf der Rückseite des Segels.

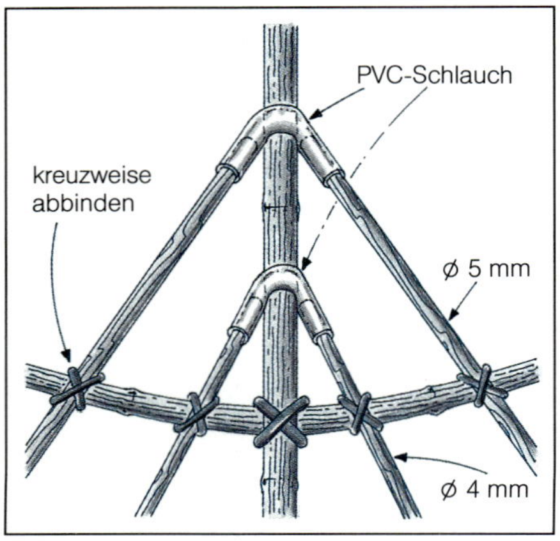

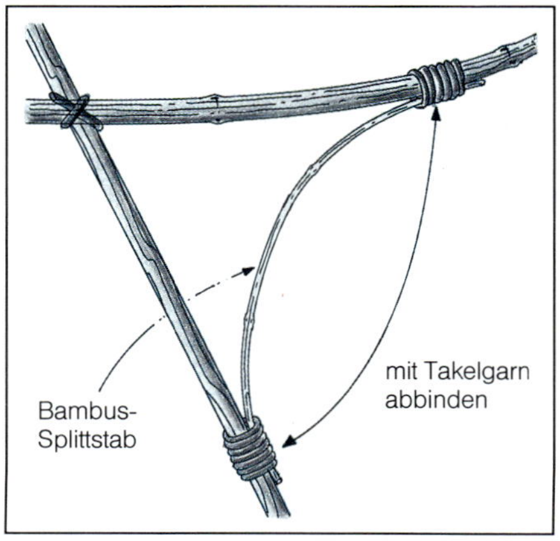

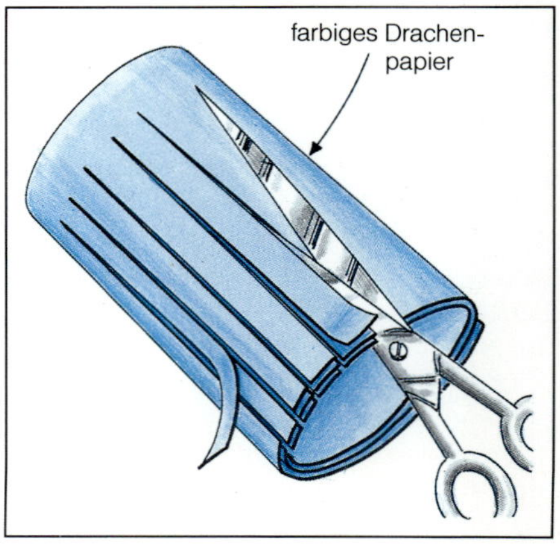

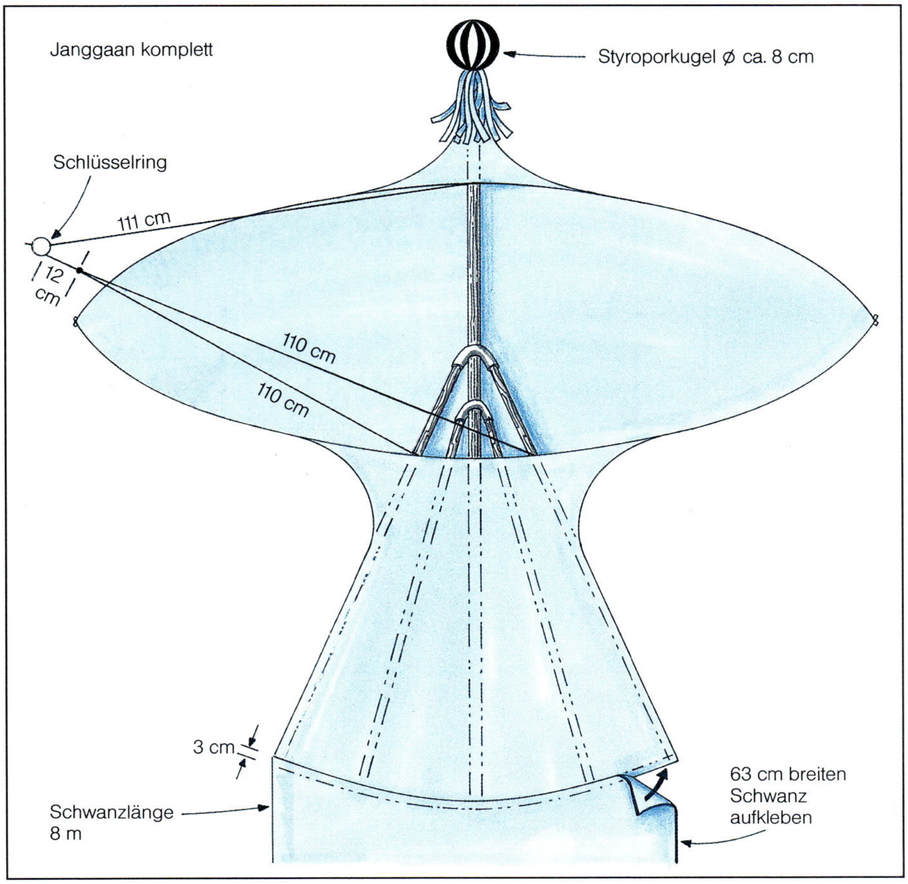

Die dreischenklige Verbundwaage aus 0,1-cm-Nylonschnur wird am Längs- und Querholm mit einem Rundtörn und zwei halben Schlägen befestigt. Wenn Sie dazu einen Schlüsselring verwenden, erleichtern Sie sich später das Einstellen der Waage beträchtlich.
Der Janggaan erhält durch eine Bogensehne V-Wölbung. Eine Nylonschnur mit Schlaufen wird über die Enden der Querholme gelegt (wie man das macht, ist beim »Eddy« auf Seite 23 erklärt).
Bei günstigen Windverhältnissen kann der Drachen aus der Hand gestartet werden. Sicherer jedoch ist in jedem Fall ein Hochstart.
Ich habe den Janggaan am Kopfteil mit einem Summer ausgerüstet. Er wird mit einer Klemmvorrichtung am Längsholm befestigt. Die Bauanleitung für den Summer siehe S. 53 Wau Bulan.

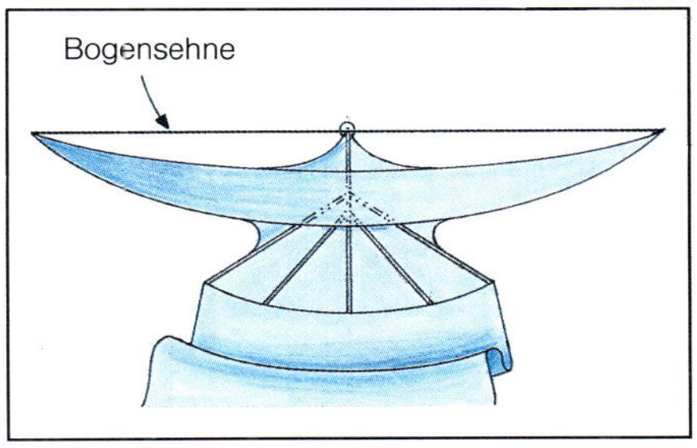

Kleben Sie das Kopf- und Schwanzsegel um das Gerüst und im Bereich der Ellipse auf das bereits vorhandene Segel. Für den Kopf des Janggaan habe ich eine Verzierung mit einer Styroporkugel und Pergaminstreifen vorgesehen. Ein 20 cm breiter Pergaminstreifen wird aufgerollt und mit einer Schere eingeschnitten. Pergaminstreifen über die Spitze schieben und mit Tesafilm befestigen.

Eine Styroporkugel bildet den eigentlichen Kopf des Janggaan.
Die Styroporkugel und das Segel können zur Dekoration mit Acrylfarbe bemalt werden.
Der 63 cm breite und 8 m lange Schwanz aus Tyvek wird direkt auf das Fußteil des Drachens geklebt (Überlappung 3 cm). Wie das Drachensegel wird auch der Schwanz dekoriert.

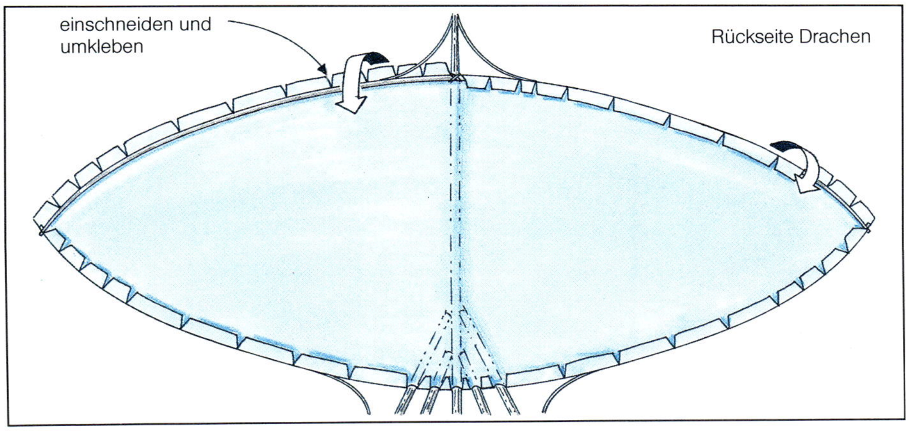

Wau Bulan

Der Wau Bulan ist wohl der bedeutendste Drachen in Malaysia. Wegen der halbmondförmigen Sichel am hinteren Teil des Drachens wird der Wau Bulan auch Monddrachen genannt. Obwohl die ungewöhnliche Form des Drachens keine guten Flugeigenschaften vermuten läßt, ist genau das Gegenteil der Fall. Das elliptische Segel wölbt sich im Wind nach oben und verleiht dem Drachen Stabilität. Der Drachen fliegt ohne Schwanz, dafür aber mit einem Summer, der am vorderen Teil befestigt wird. Ist der Wau Bulan einmal gestartet, beschreibt seine Flugbahn eine liegende Acht. Durch den Wind und die Bewegungen des Drachens vibriert der Summer recht laut. Aufgrund seiner Flugbahn benötigt der Wau Bulan einen großen Luftraum. Beim Drachenfestival in Singapur fliegen die Wau Bulans in einem abgesperrten Gebiet, um Kollisionen mit anderen Drachen zu vermeiden. Der Wau Bulan wird am Kopfteil und an den Seiten reichlich mit bunten Papierfransen geschmückt.

Baumaterial:
1,5 m Tyvek oder Pergamin
1 gespaltener Bambus, 132 cm lang, 0,9 x 0,55 cm
2 gespaltene Bambusse, 155 cm lang, 0,9 x 0,55 cm
1 gespaltener Bambus, 147 cm lang, 0,4 x 0,4 cm
1 gespaltener Bambus, 200 cm lang, 0,5 x 0,4 cm
Peddigrohr
Nylonschnur, 0,1 cm ∅
1 Schlüsselring, 1,8 cm ∅
1 Bambus für den Summer, 120 cm lang, 1 x 0,6 cm
2 Schlauchstücke, 1 cm ∅ innen
Dacronband, 1 cm breit
Takelgarn

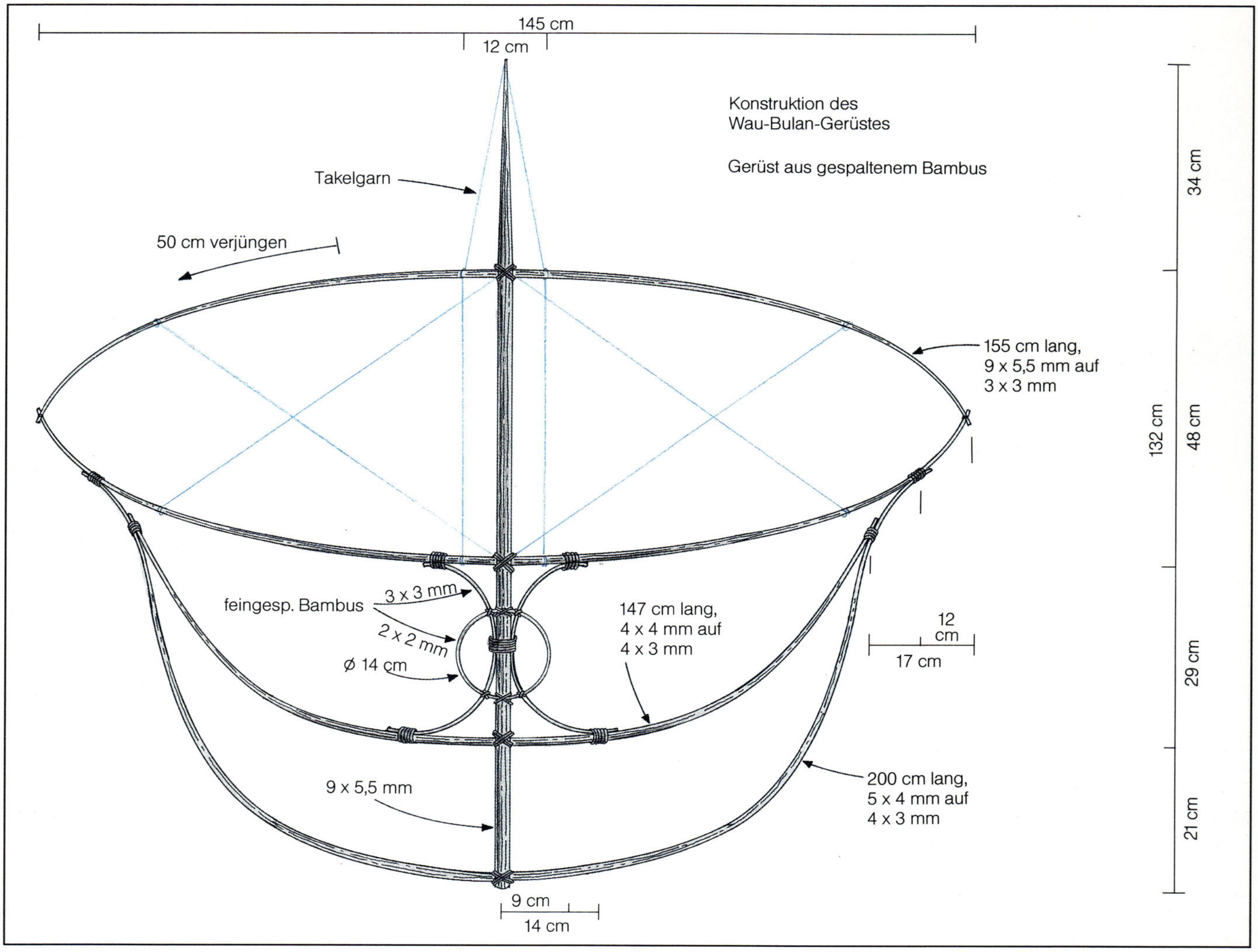

Bauanleitung:
Das Gerüst des hier vorgestellten Drachens besteht aus Bambus. Es kann im wesentlichen aus einem 3–4 cm starken Bambusrohr gespalten werden. Das Grundelement die Ellipse besteht aus zwei Splittstäben mit einem Querschnitt von 0,9 x 0,55 cm und einer Länge von 155 cm. Verjüngen Sie die Splittstäbe zu den Enden hin auf 0,3 x 0,3 cm.
Wer Schwierigkeiten hat, das 155-cm-Bambusrohr parallel zu spalten, kann die Ellipse auch aus vier gleichlangen Splittstäben herstellen. Die Stäbe sollten im Bereich des Längsholms etwa 20 cm überlappen.
Den 132 cm langen Längsholm (0,9 x 0,55 cm) aus gespaltenem Bambus herstellen. Binden Sie die beiden Holme der Ellipse an den Längsholm (kreuzweises Abbinden siehe Verbindungstechnik 1).
Für die Abbindungen der Gerüstteile eignet sich Takelgarn am besten. Die Enden der beiden Querholme zusammenbinden. Die optimale Form des Hauptsegels ist der Umriß einer scheinbar abgeflachten Linse.
Wie die Querholme der Ellipse kann auch der 200 cm lange Querholm für die Sichel aus zwei Teilen hergestellt werden. Der 0,5 x 0,4 cm starke Holm wird zu seinen Enden hin auf 0,4 x 0,3 cm verjüngt. Den Sichelholm am Längsholm und an der Ellipse befestigen (Position und Form siehe Zeichnung). Der 147 cm lange Sichelquerholm wird von 0,4 x 0,4 cm zu den Enden hin auf 0,4 x 0,3 cm verjüngt und am Längsholm/Querholm befestigt. Genaue Beobachtungen haben ergeben, daß die Form der Sichel variiert. Es bleibt dem Konstrukteur überlassen, welchen Radius er für die Krümmung der Sichel wählt.
Die mit kleinem Radius gebogenen Mittelteile des Wau Bulans können aus gespaltenem Bambus sowie aus Peddigrohr hergestellt werden.
Für die beiden Halbkreise habe ich Bambussplittstäbe (0,3 x 0,3 cm) genommen. Die Stäbe sind am Längsholm und an den Querholmen befestigt.
Die Herstellung des Ringes (14 cm Ø) erfordert etwas Fingerspitzengefühl. Das Biegen des Ringes aus 0,2 x 0,2 cm starken Splittstäben wird durch Erwärmen über Wasserdampf erleichtert.
Der elliptische Teil des Gerüstes wird durch Verspannen mit einer Schnur versteift (siehe Zeichnung).

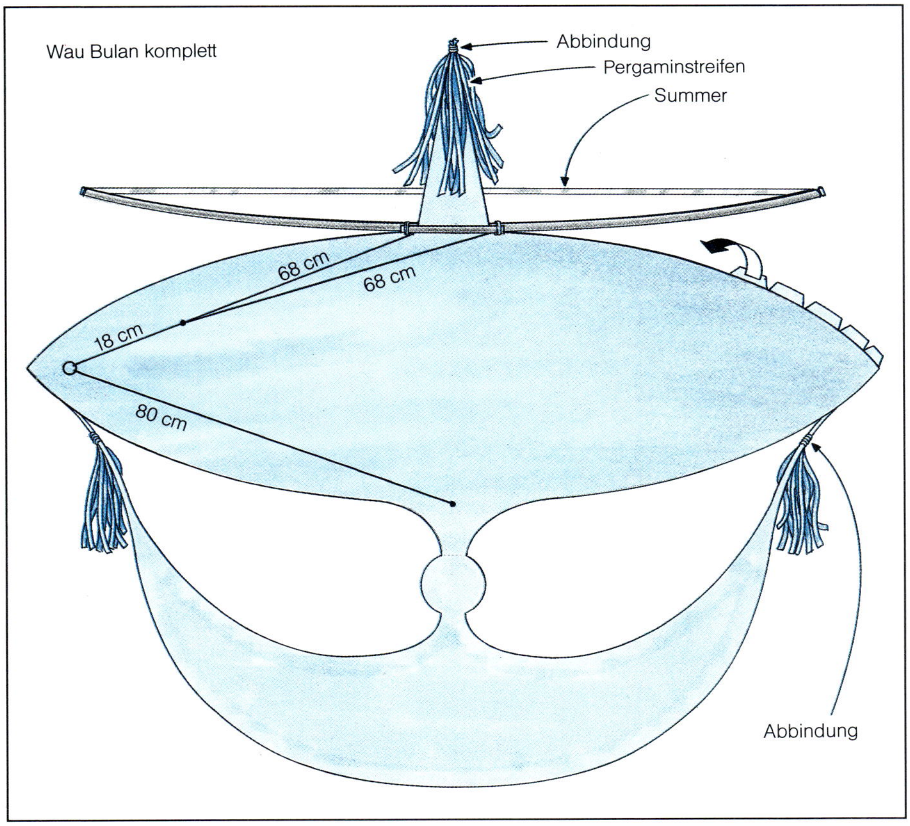

Die Bespannung des Rahmens wird aus einem Stück Tyvek zugeschnitten. Die Malayen benutzen Pergaminpapier als Bespannung. Sie schneiden Verzierungen in das Papier und kleben es in mehreren Lagen übereinander. Das Drachensegel erhält dadurch eine höhere Festigkeit und intarsienartigen Charakter.
Legen Sie das Bespannmaterial auf eine ebene Fläche. Das Gerüst dient als Schablone und wird mit dem Längsholm nach unten auf das Tyvek gelegt. Das Segel mit einer Zugabe von 2,5 cm für den Saum ausschneiden.
Im Bereich der Krümmungen wird das Segel 2,5 cm tief eingeschnitten und um das Gerüst geklebt.
An der Spitze und den Seiten wird der Wau Bulan mit bunten Papierfransen dekoriert. Rollen Sie einen 30 cm breiten Pergaminstreifen auf und schneiden Sie ihn ein.
Die Papierfransen werden mit Takelgarn oder Tesafilm an den Holmen befestigt.
Die dreischenklige Verbundwaage an die Holme knoten. Das Loch für die Durchführung des hinteren Waagenschenkels mit einem Stück Tyvek verstärken. Ein 1,8-cm-Schlüsselring bildet den Zugpunkt der Waage.
Unentbehrlich für den Wau Bulan ist der Summer. Er wird aus einem Stück gespaltenen Bambus (1 x 0,6 cm) gewonnen. Den 120 cm langen Bogen zum Ende auf 0,6 x 0,4 cm verjüngen.
Eine Klemmvorrichtung hält den Bogen am Gerüst. Diese Klemme besteht aus einem etwa 16 cm langen Bambussplittstab (1 cm breit). Das eine Ende der Klemme wird mit einer Abbindung am Bogen fixiert. Ein verschiebbarer Ring drückt die Klemme an den Bogen (siehe Zeichnung).
Ein 1 cm breites Dacronband wird mit Schlauchstücken am Bogen befestigt. Doppelt gelegtes Spinnakernylon eignet sich ebensogut als Summer.
Der Drachen erhält eine leichte Wölbung nach oben. Die Bogensehne wird an den Spitzen der Ellipse befestigt (siehe Janggaan und Eddy).
Starten Sie den Wau Bulan auf jeden Fall mit einem Hochstart. Mindestens 30 m Leine auslegen.
Bei starkem Wind lassen die Malayen Drachen des Nachts fliegen, um durch das lauter werdende Summen vor Sturm gewarnt zu werden.

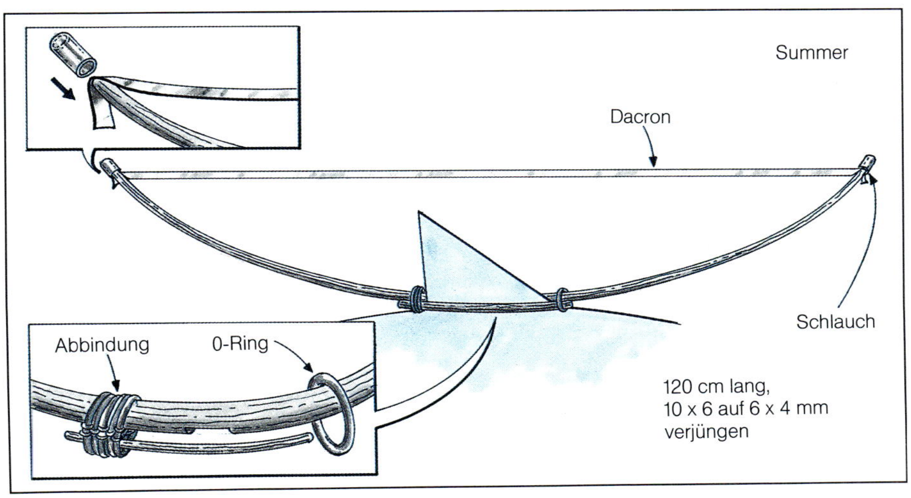

Parafolie

Eine der bedeutendsten Entwicklungen in der Geschichte des Drachenbaus ist die Parafolie. Ihr Erfinder, der Amerikaner D. C. Jalbert, verfolgte konsequent die Idee, daß die Form des Drachens sich dem Wind anpassen muß. Das Resultat war eine flexible Tragfläche, die in Kammern unterteilt vom Winddruck ihre Form erhält.

Der enorme Auftrieb und steile Flugwinkel machen die Parafolie zu einem wahren Himmelsanker.

Die Parafolie findet nicht nur ihren Einsatz im militärischen Bereich oder bei meteorologischen Messungen, sie löst auch Transportprobleme in schwer zugänglichen Gebieten.

Baumaterial:
13 m^2 Spinnakernylon
15 m Dacronband, 1 cm breit
Nylonschnur, 0,2 cm ø
1 VA-Ring, 3 cm ø oder Schäkel

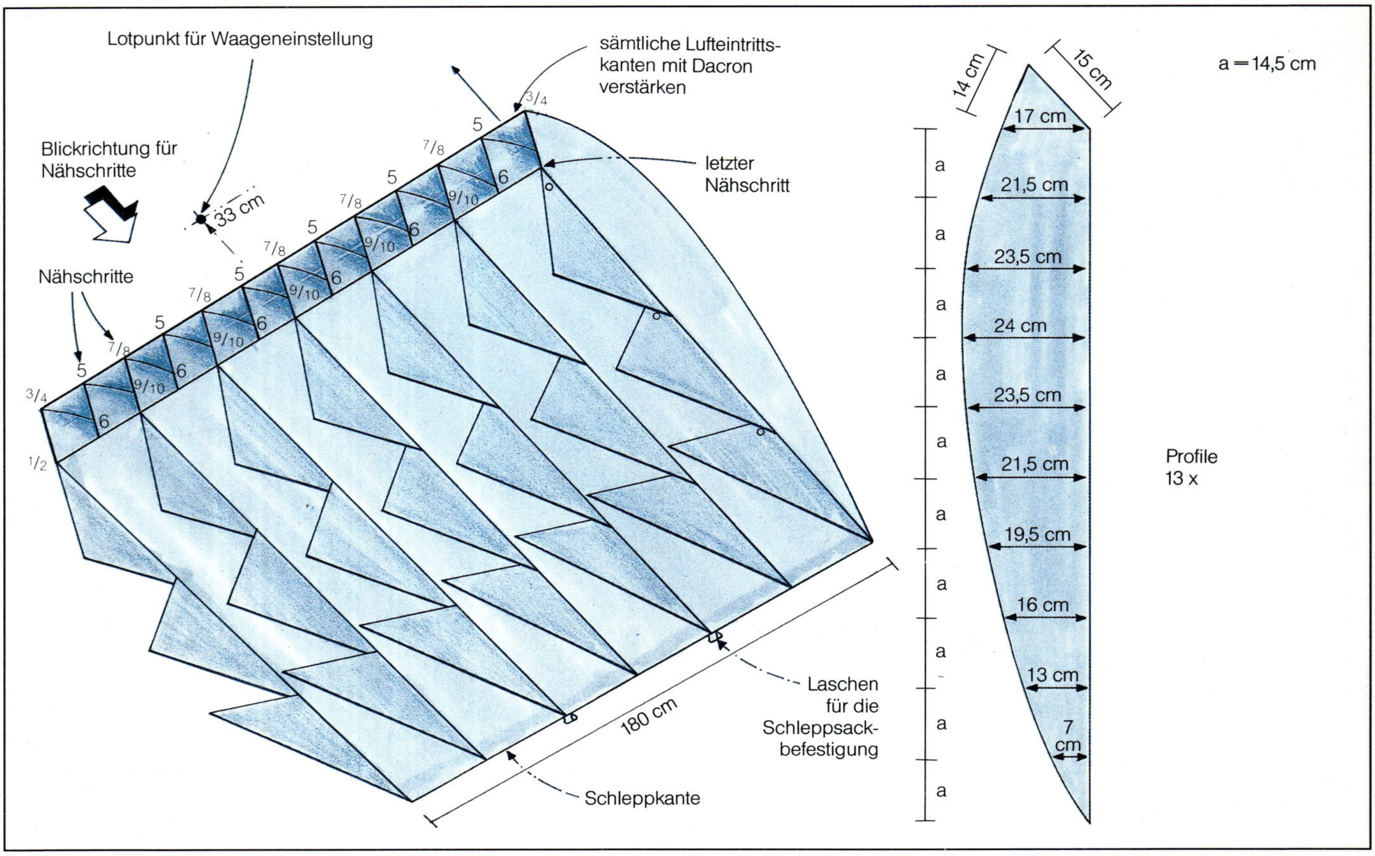

Bauanleitung:
Beachten Sie die Hinweise und Nähschritte in vorliegender Bauanleitung genau, dann werden Sie feststellen, daß der Bau einer Parafolie nicht so schwierig ist, wie es im ersten Moment aussieht. Die umfangreiche Näharbeit setzt aber Erfahrung im Verarbeiten von Spinnakernylon voraus.
Die hier angegebenen Maße der Parafolie können maßstabgetreu vergrößert oder verkleinert werden. Dabei darf die auftretende Zugkraft nicht unberücksichtigt bleiben. Bei durchschnittlichen Windgeschwindigkeiten rechnet man mit 6 kg Zugkraft pro Quadratmeter Bodenfläche der Parafolie.
Schneiden Sie zunächst die Profile, die Kiele sowie die Decken und Bodenteile zu. Materialzugaben für die Säume nicht vergessen. Verwenden Sie für den Zu-

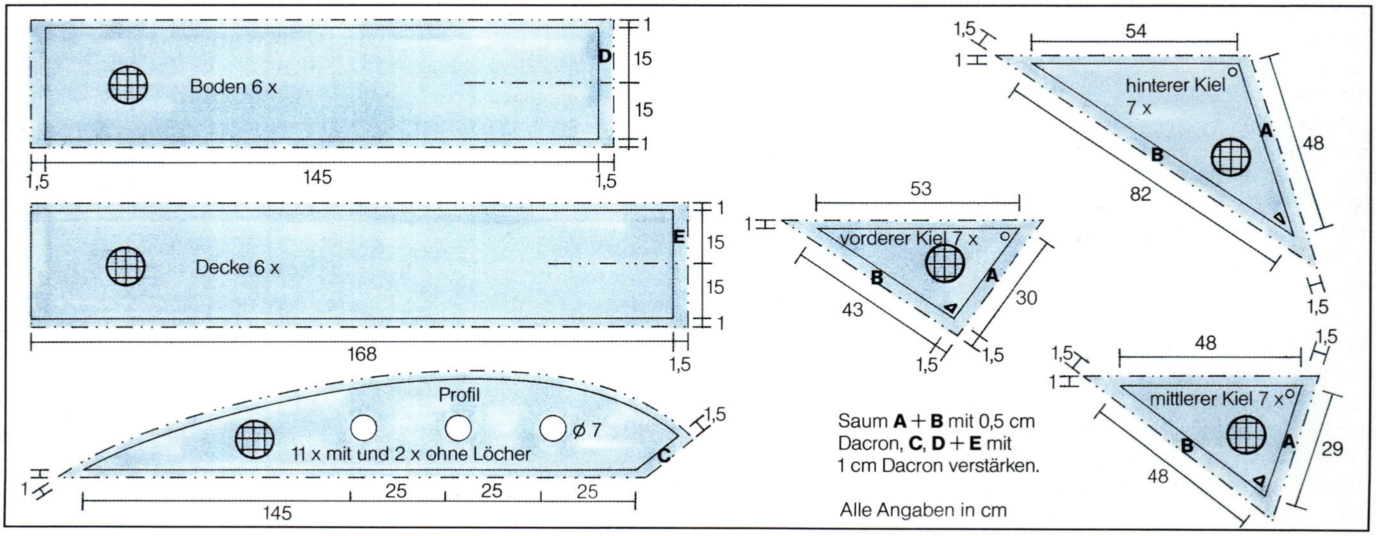

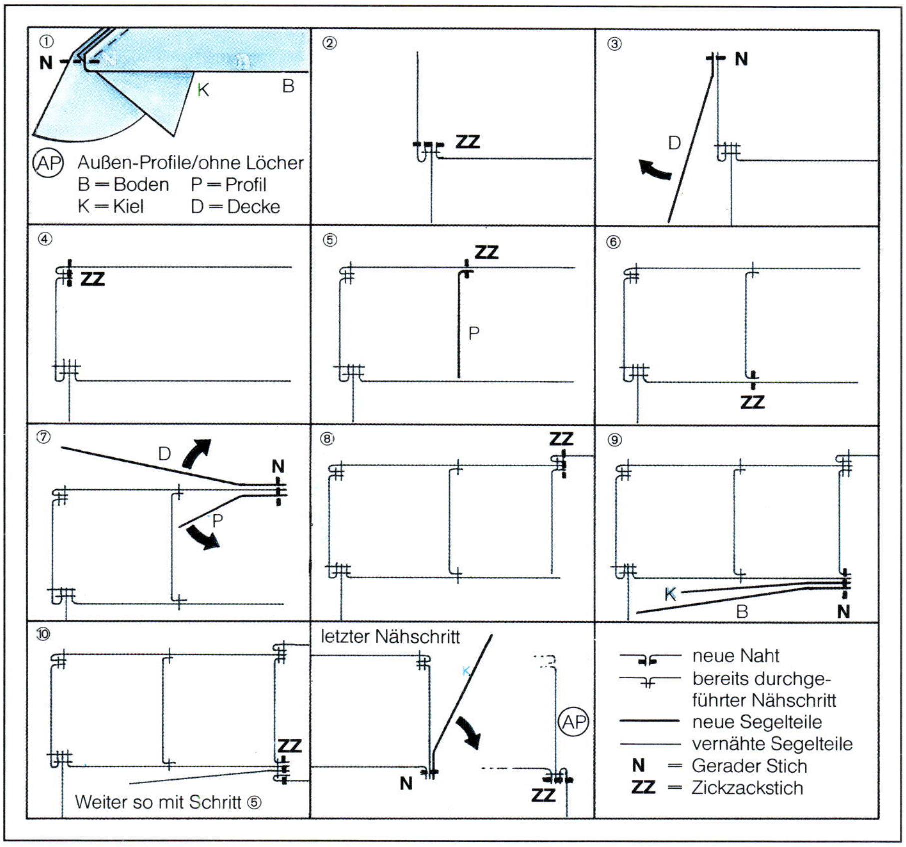

schnitt Schablonen aus Pappe. Sie können so den Drachen oder Teile davon jederzeit reproduzieren.
Als nächstes werden die Kanten A, B, C, D, E gesäumt. Zur Verstärkung dieser Säume wird Dacronband mit eingenäht (siehe Nähtechnik 2).
Die Spitzen der Kiele mit Dacron zusätzlich verstärken und Kauschen anbringen (siehe Nähtechnik 6).
Mit einem Lötkolben 7 cm große Kreise in die 11 Mittelprofile schneiden. Die Öffnungen dienen zum Druckausgleich in den Kammern und sollen den Start der Parafolie erleichtern.
Mittellinie der Decken- und Bodenteile mit einem Bleistift markieren. Das Zusammennähen der Parafolie beginnt an der linken Seite.
Achten Sie darauf, daß die Nähte sorgfältig durchgeführt werden. Die Nähte in den Kammern sind nach dem Zusammennähen nicht mehr zugänglich. Das Fixieren der Nähte mit Stecknadeln oder einem Kleber erleichtert die Näharbeit.
Die Schnittzeichnungen zeigen die Reihenfolge der Nähschritte auf.

1. Bodenteil, Kiele und äußeres Profil zusammennähen. Achten Sie darauf, daß die Vorderkanten der Kiele im Überschneidungsbereich innen laufen (siehe Rißzeichnung).
2. Den entstandenen Saum mit einer Zickzacknaht am Profil festnähen.
3. Ein Deckenteil an das äußere Profil nähen.
4. Den Saum mit einer Zickzacknaht am Deckenteil festnähen.
5. Ein Profil mit einer Zickzacknaht auf die angezeichnete Linie der Decke nähen.
6. Das Profil mit einer Zickzacknaht auf die angezeichnete Linie des Bodenteils nähen.
7. Ein neues Deckenteil und ein neues Profil mit dem vorhandenen Deckenteil zusammennähen.
8. Den Saum mit einer Zickzacknaht am Deckenteil festnähen.
9. Profil, Bodenteil, 3 Kiele und ein neues Bodenteil zusammennähen.
10. Den Saum am Bodenteil festnähen.

Jetzt weiter mit Nähschritt 5, 6, 7, 8, 9, 10 und wieder 5, 6, 7, 8, 9, 10 usw.

Die letzte Naht liegt außen (Bodenteil, äußeres Profil und Kiele). Der Saum wird an den Kielen festgenäht.
Gegebenenfalls überstehenden Stoff an der Schleppkante abschneiden. Die Schleppkante wird doppelt umgelegt und mit einer Naht befestigt.
Es gibt zwei Möglichkeiten, die Parafolie anzuleinen:

1. Der Drachen fliegt flach. Die Waage bringt man an, wie es beim »Multiflare« auf S. 39 ausführlich beschrieben ist. Der Lotpunkt liegt 33 cm außerhalb der Vorderkante.
2. Der Drachen fliegt mit einer Krümmung. Befestigen Sie 21 gleichlange Leinen an den Kielen (Palstek). Jeweils die Leinen der vorderen, mittleren und hinteren Kielreihen zusammenfassen und an einem Ring befestigen. Mit einer dreischenkligen Verbundwaage die Leinenreihen auf einen gemeinsamen Zugring laufen lassen.

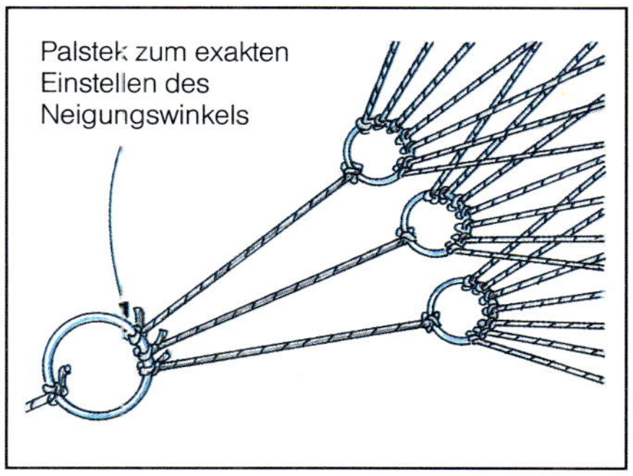

Der Neigungswinkel wird experimentell im Flugversuch ermittelt. Auch bei der ersten Möglichkeit sollte zusätzlich eine Verbundwaage gewählt werden, um den exakten Neigungswinkel der Parafolie zu bestimmen.
Sollte die Parafolie unruhig fliegen, empfiehlt es sich, sie mit einem Schleppsack (vgl. Windturbine, S. 58) zu stabilisieren.

Windturbine

Die Richtungsstabilität von Drachen läßt sich durch Schwänze, Schleppsäcke oder Windturbinen wirkungsvoll beeinflussen. Schon im 19. Jahrhundert fand Sir George Nares heraus, daß die Hebelwirkung eines vom Wind durchströmten Schleppsackes um ein Vielfaches größer ist als diejenige eines herkömmlichen Schwanzes.

Ein in Rotation versetzter Schleppsack (Windturbine) erhält eine zusätzliche Stabilität. Wie für einen normalen Schwanz gilt auch hier, eine längere Schleppsackleine entspricht einem längeren Hebelarm. Die stabilisierende Kraft auf einen Drachen ist somit größer.

Windturbinen eignen sich als attraktive Dekoration der Drachenleine. Man kann auf Festivals Windturbinen von mehreren Metern Durchmesser und einer Länge von über 40 m bestaunen.

Baumaterial:
0,45 m^2 Spinnakernylon
60 cm PVC-Schlauch, 0,7 cm ⌀
Nylonschnur, 0,1 cm
1 Karabiner mit Wirbel
1 Holzdübel, 0,7 cm ⌀

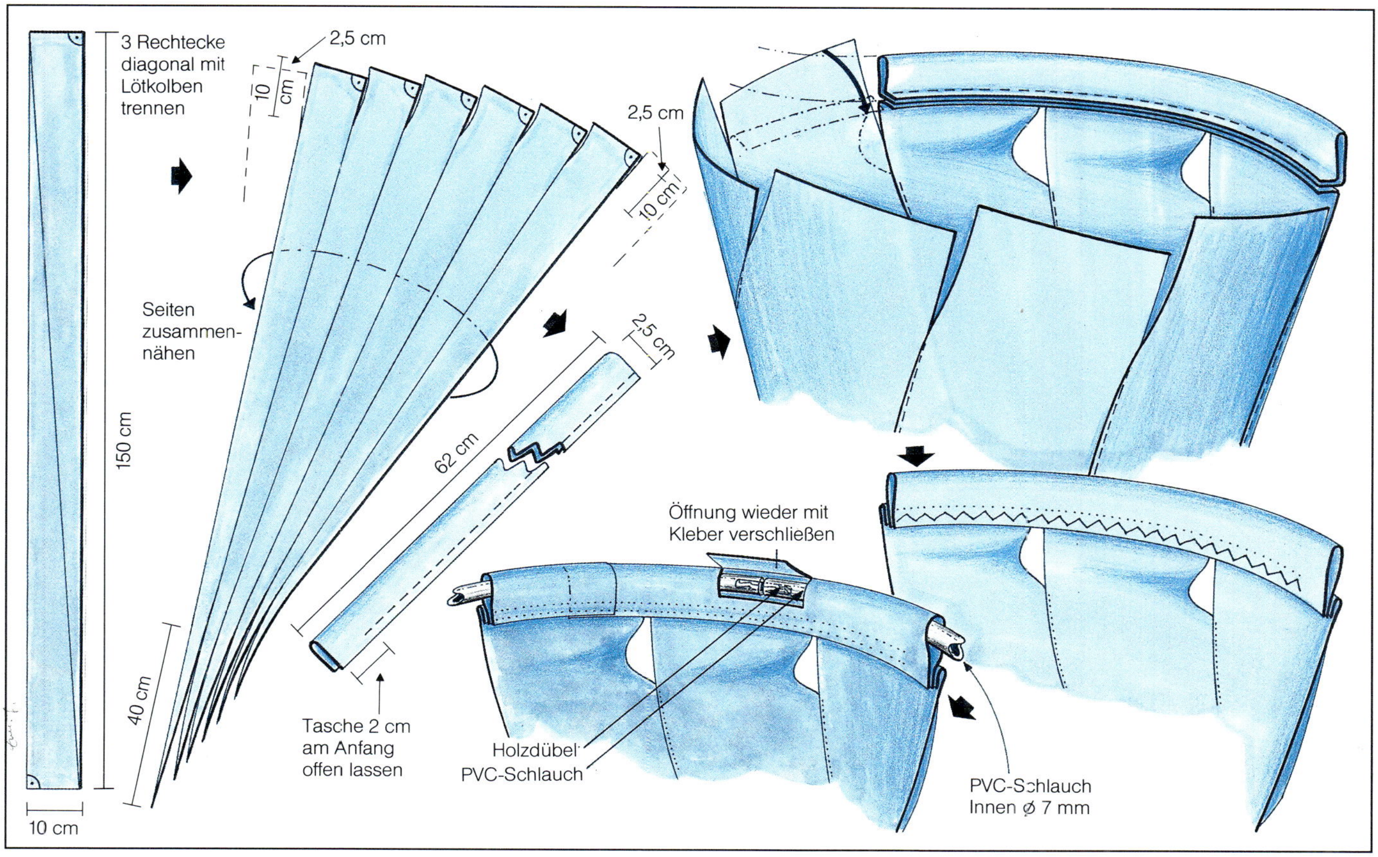

Bauanleitung:

Schneiden Sie mit einem Lötkolben drei Rechtecke mit einer Kantenlänge von 10 x 150 cm zu.

Die Rechtecke diagonal durchschneiden, so daß sechs Dreiecke entstehen.

Die Dreiecke um jeweils 2,5 cm versetzt zusammennähen (siehe Zeichnung).

Achtung:

1. Am Anfang bleiben 10 cm und am Ende 40 cm offen.
2. Die Säume alle in eine Richtung legen.
3. Immer eine rechtwinklige und eine nicht rechtwinklige Seite zusammennähen.

Nachdem Sie die sechs Teile zusammengenäht haben, erstes und sechstes Teil um 2,5 cm versetzt zusammennähen.

Die entstandene Turbine von innen nach außen wenden.

Einen schmalen Spinnakernylonstreifen von 5 x 62 cm zuschneiden. Den Streifen der Länge nach zu einer Tasche nähen. Nähen Sie den Saum dieser Tasche an die sechs Kanten der Dreiecke.

Die Kanten werden dabei so angenäht, daß schaufelartige Öffnungen entstehen.

Am Anfang und Ende der Tasche soll diese ineinander laufen.

Den entstandenen Saum mit einer Zickzacknaht befestigen (siehe Zeichnung).

Schneiden Sie an der Innenseite eine kleine Öffnung in die Tasche.

Den PVC-Schlauch auf Länge schneiden (entspricht dem Umfang der Turbine). Ein 2 cm langer Holzdübel verbindet Anfang und Ende des Schlauches.

Die Turbine erhält eine vierschenklige Waage. Die 30 cm langen Waagenschenkel werden an einem Wirbel mit Karabiner befestigt.

Selbstverständlich kann die Größe der Turbine durch maßstabgerechtes Umrechnen der angegebenen Maße verändert werden.

Soll die Turbine an der Drachenleine befestigt werden, beachten Sie folgendes: Keinen Knoten in die Leine (Bruchgefahr), sondern einen Schlüsselring rutschfest (durch Vernähen oder eine Abbindung) an der Leine befestigen.

Parafolien eignen sich durch ihre relativ hohe Zugkraft besonders zum Tragen großer oder vieler Windturbinen.

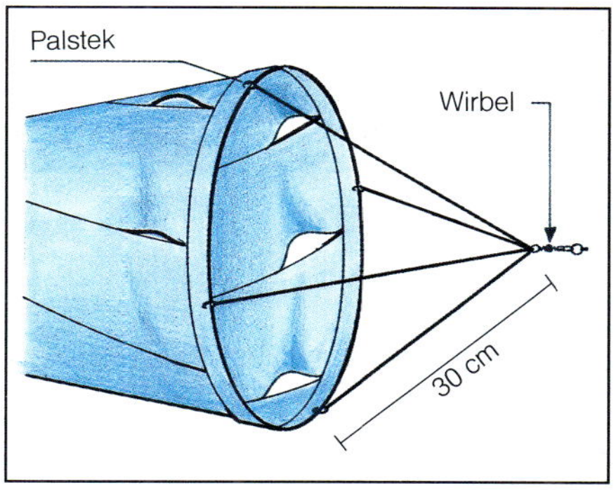

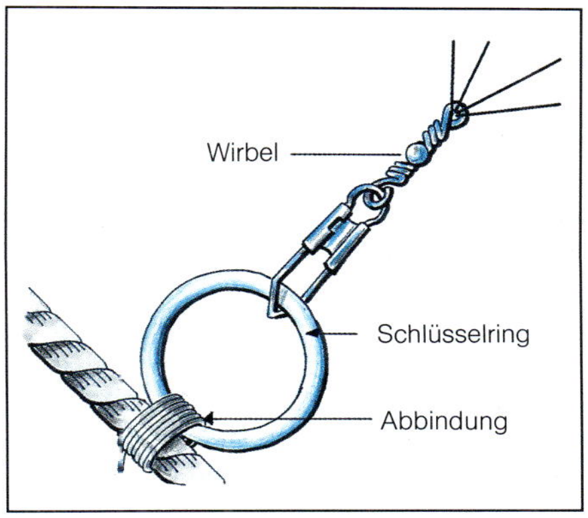

Kastendelta

Einer der ganz großen Drachenkonstrukteure war der in England geborene Lawrence Hargrave. Sein 1893 erfundener Kastendrachen wurde Grundlage vieler aerodynamischer Versuche damaliger Luftfahrtpioniere.
Die Erfindung des Kastendrachens war eine Revolution im Drachenbau.
Die stabilisierende Wirkung der Seitenflächen machten den damals oft verwendeten Schwanz überflüssig.
Kastendrachen fliegen auch bei hohen Windgeschwindigkeiten stabil.

Nachteil des Drachens ist seine im Verhältnis zum Gewicht geringe Oberfläche. Zwei Deltaflügel an den Ecken des Kastendrachens verbessern dieses Verhältnis zugunsten der Oberfläche. Der Kastendelta hat bei nur 15% Gewichtszunahme gegenüber seinem Vorgänger eine um 30% größere Oberfläche.
Die Kombination aus wirkungsvollen Deltaflügeln und stabil fliegendem Kastendrachen machen den Kastendelta zu einem erfolgreichen Drachen.
Der hier vorgestellte Drachen aus Tyvek eignet sich besonders zum Bemalen mit Acrylfarbe und Dekorieren mit bunten Papierstreifen.

Baumaterial:
1,5 m Tyvek
8 Raminrundhölzer, 100 cm lang, 0,6 cm ⌀
1 Raminrundholz, 100 cm lang, 0,7 cm ⌀
Teppichklebeband
Nylonschnur, 0,1 cm ⌀
1 Schlüsselring, 1,2 cm ⌀
Kunststoffschlauch, 3,5 cm lang, 0,6 cm ⌀ innen
Tyvekreste

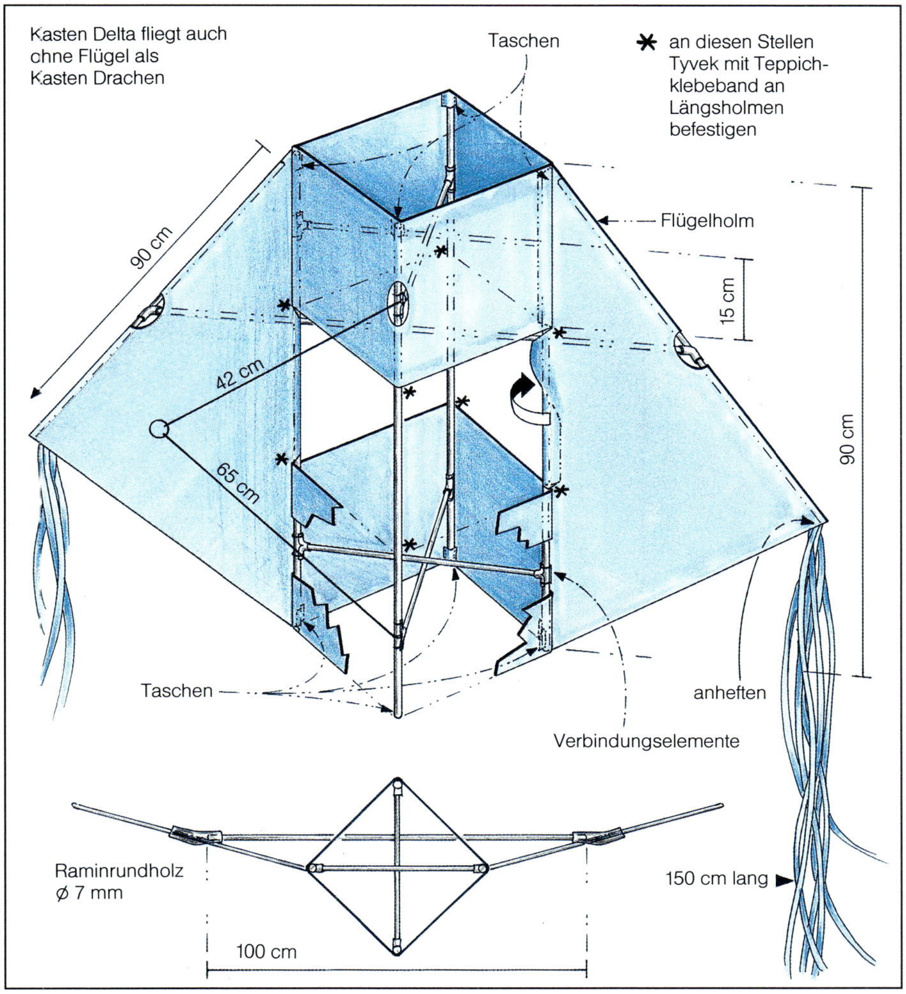

Bauanleitung:
Beginnen Sie mit dem Zuschnitt der beiden Kastensegel. Zugaben für die Säume beachten.

Die Längsseiten der Segel mit Klebstoff oder Nähmaschine säumen. Im Abstand von 30 cm die Positionen der Taschen für die Längsholme markieren. Anfang und Ende der beiden Segelbahnen zusammenkleben oder nähen, so daß die Säume innen liegen (siehe Zeichnung).

Stellen Sie je vier Taschen für das vordere und hintere Kastensegel her (siehe Klebetechnik 7 und 8). Taschen auf die markierten Positionen der beiden Segel kleben oder nähen.

Ein 2 cm großes Loch zur Durchführung der Waagenleinen in die Segel schneiden (Position siehe Zeichnung).

Vier Längsholme mit 0,6 cm Durchmesser auf 90 cm Länge sägen.

Schneiden Sie acht Schlauchstücke von 0,6 cm Innendurchmesser mit einer Länge von 3,5 cm zu.

Die Schlauchstücke werden an einer Seite 2 cm tief eingeschnitten. Diese Schlauchstücke bilden die T-Verbindungselemente von Längs- und Querholmen (siehe Verbindungstechnik 10).

Die Verbindungselemente (je zwei pro Längsholm) werden mit einer Abbindung oder Tesaband 15 cm vor Ende des Längsholms befestigt (Position siehe Zeichnung).

Vier Querholme mit 0,6 cm Durchmesser auf 41 cm Länge sägen.

Stecken Sie die Längsholme in die Taschen der beiden Segel. Querholme in die Verbindungselemente stecken.

Die Waage am Längsholm befestigen, vorderer Waagenschenkel 42 cm, hinterer Waagenschenkel 65 cm (siehe Zeichnung). Ein Schlüsselring als Zugpunkt erleichtert das exakte Einstellen der Waage.

Schneiden Sie zwei Flügel gemäß Rißzeichnung aus. Die Schleppkante säumen.

Zwei Flügelholme mit 0,6 cm Durchmesser auf 90 cm Länge sägen.

Zwei je 3,5 cm lange Schlauchverbindungsstücke herstellen und auf die Flügelholme schieben (siehe Verbindungstechnik 11).

Der Saum (Zugabe für Seitentasche) wird um den Seitenholm geklebt. Dabei liegt das Schlauchstück in der halbkreisförmigen Öffnung.

Kleben Sie beide Flügel an die gegenüberliegenden Ecken des Kastendrachens. Das 30 cm lange Mittelteil wird um den Längsholm geklebt. Als Spreize dient ein Raminrundstab, Durchmesser 0,7 cm, von 100 cm Länge.

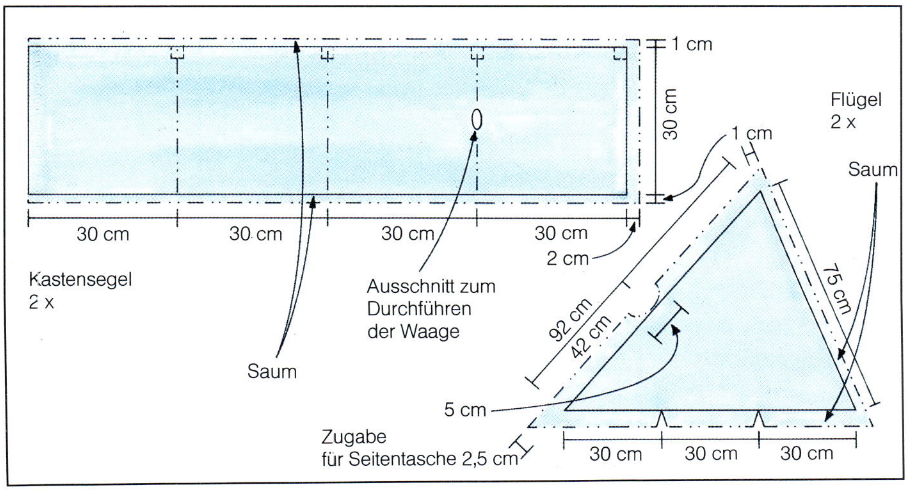

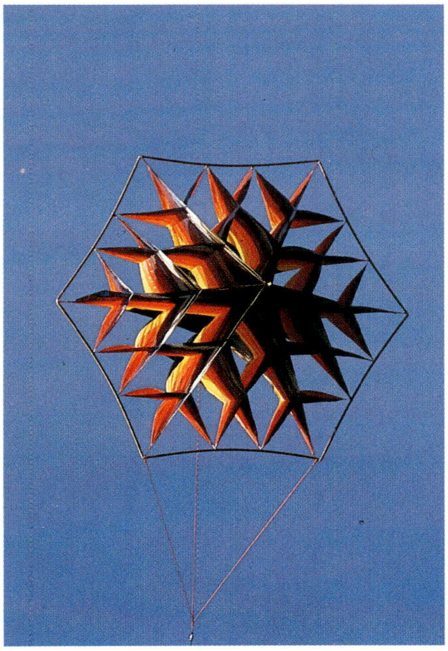

Snowflake

Der Snowflake ist eine Version des von dem Engländer Stephen Robinson erfundenen Facet-Drachens.
Seine unkomplizierte Konstruktion erlaubt ein schnelles Zusammenbauen auf dem Flugfeld.
Die dreidimensionale Form mit den vielen Farbmöglichkeiten und die guten Flugleistungen bei leichten bis mittleren Windgeschwindigkeiten machen den Snowflake zu einem außergewöhnlichen Drachen.
Wählen Sie die Farben für Ihren Snowflake sorgfältig aus. Helle Farben im Zentrum (die großen Quadrate) und dunkler werdende Farben zum Rand eignen sich besonders. Bei dem hier gezeigten Drachen wurden die einzelnen Quadrate mehrfach farblich unterteilt.

Baumaterial:
7 m^2 leichtes Spinnakernylon
6 Raminrundhölzer, 77 cm lang, 1 cm ⌀
1 Raminrundholz, 155 cm lang, 0,8 cm ⌀
50 cm Kunststoffschlauch, 0,8 cm ⌀
20 Schlüsselringe, 1,6 cm ⌀
Nylonschnur, 0,1 cm ⌀
2 Pfeilenden

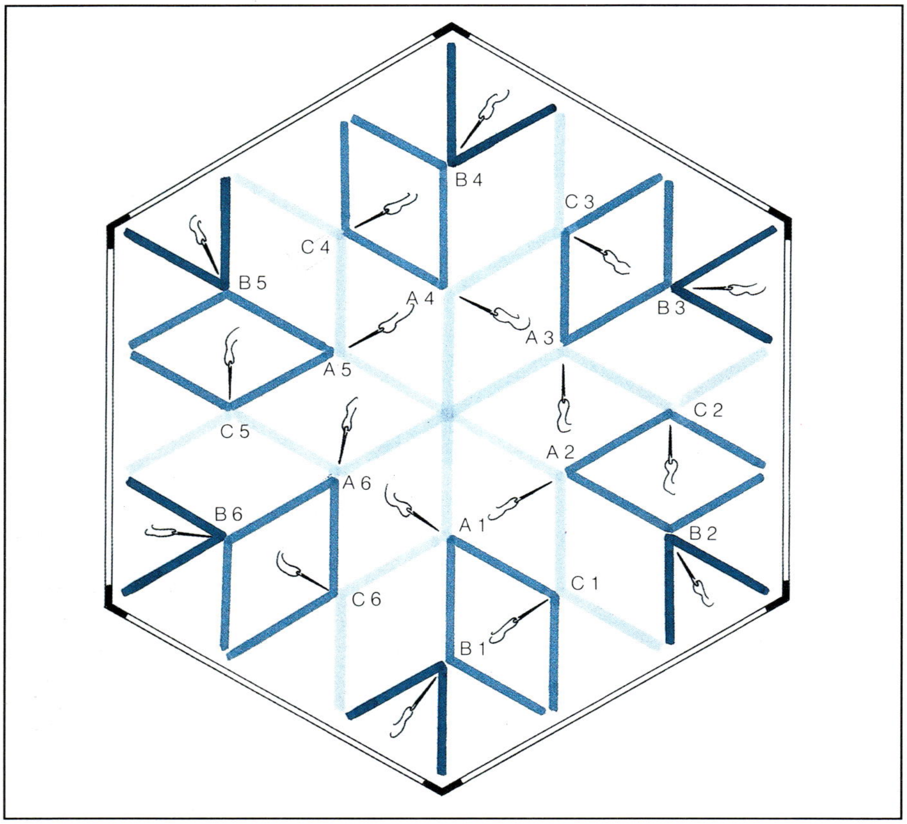

Bauanleitung:
15 Quadrate aus leichtem Spinnakernylon (etwa 32 g/m²) bilden die Grundelemente des Snowflakes.
Schneiden Sie drei Quadrate mit einer Kantenlänge von 1 m, sechs Quadrate mit einer Kantenlänge von 66 cm und sechs Quadrate mit einer Kantenlänge von 33 cm zu.
Die Farben der Quadratgruppen sollten aufeinander abgestimmt sein.

Aber auch einzelne Quadrate können farblich abgestuft sein. Regenbogenartige Farbzusammenstellungen eignen sich besonders gut für einen schönen Snowflake.
Die Kanten sämtlicher Quadrate doppelt säumen (siehe Nähtechnik 2).
Bei allen drei großen Quadraten müssen Sie die zwei jeweils einander gegenüberliegende Ecken umklappen und festnähen.

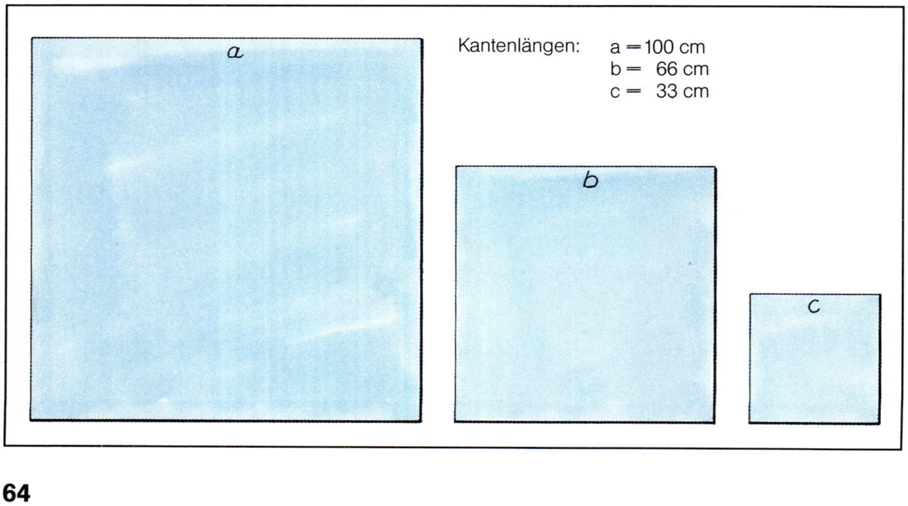

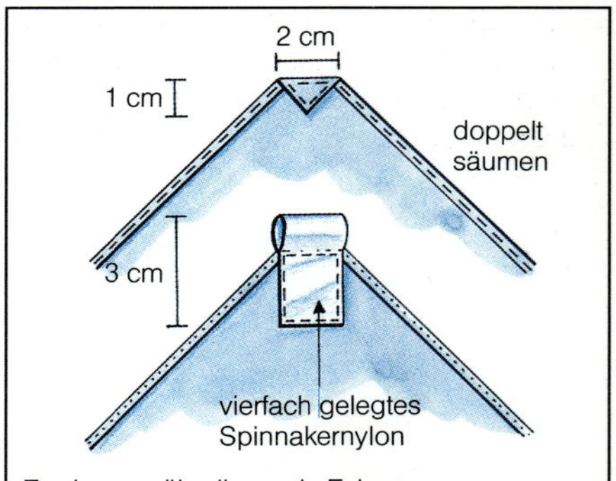

Zwei gegenüberliegende Ecken nur eines Quadrates (1 m²) erhalten Schlaufen.

Das mittlere Quadrat erhält eine 2 cm breite und 3 cm lange Schlaufe. Diese können Sie aus mehrfach gelegtem Nylon, Gurtband oder Stoßband herstellen.

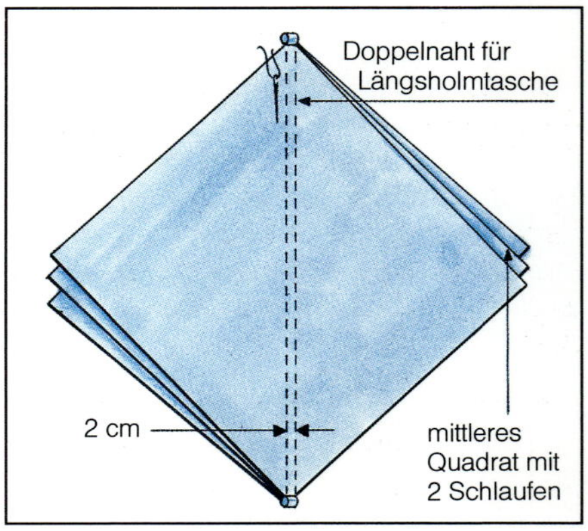

Drei große Quadrate (1 m²) genau übereinander legen und mit Stecknadeln befestigen. Zwei diagonale Nähte im Abstand von 2 cm als Tasche für den Längsholm nähen.

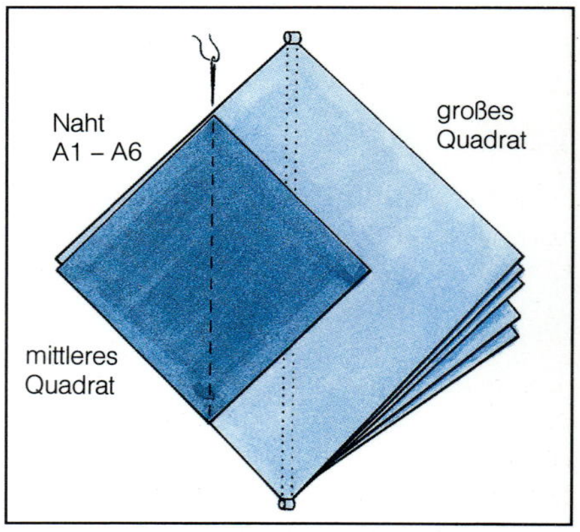

Als nächstes nähen Sie sechsmal die Naht A (A_1–A_6). Dabei im Uhrzeigersinn vorgehen. Die sechs Quadrate (Kantenlänge 66 cm) müssen bündig auf die sechs Ecken der großen Quadrate gelegt und mit Stecknadeln befestigt werden. Die Quadrate müssen immer auf die gleiche Seite der Ecken genäht werden.

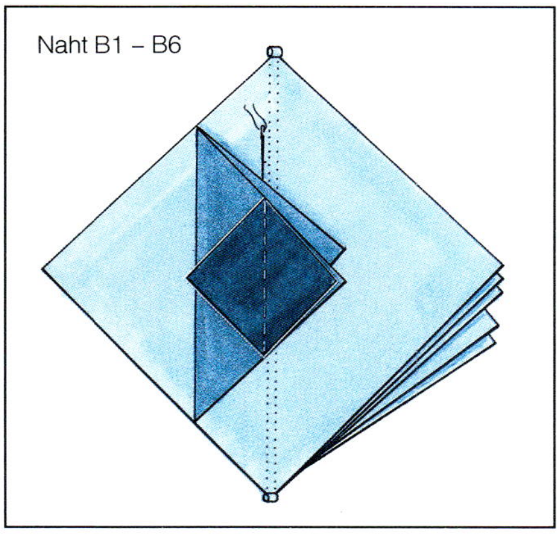

Auf eine Ecke der sechs mittleren Quadrate werden die sechs kleinen Quadrate (33 cm Kantenlänge) bündig gelegt und festgesteckt. Achten Sie darauf, daß die kleinen Quadrate immer auf den gleichen Flügel und die gleiche Seite der mittleren Quadrate genäht werden (Naht B_1–B_6).

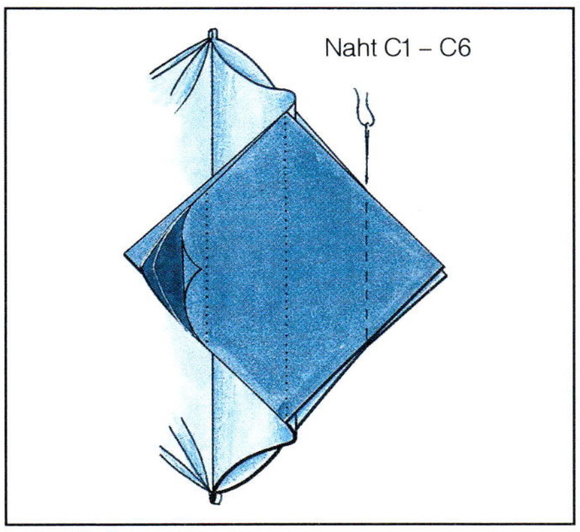

Ecke des mittleren Quadrates auf die Ecke des großen Quadrates legen, feststecken und nähen. Sechsmal die Naht C (C_1–C_6) nähen.
Um später eine einwandfreie Spannung des Snowflakes zu erreichen, die Teile genau bündig übereinanderlegen und vernähen.
Stellen Sie aus mehrfach gelegtem Spinnakernylonband zwölf Streifen her (1 x 4 cm).

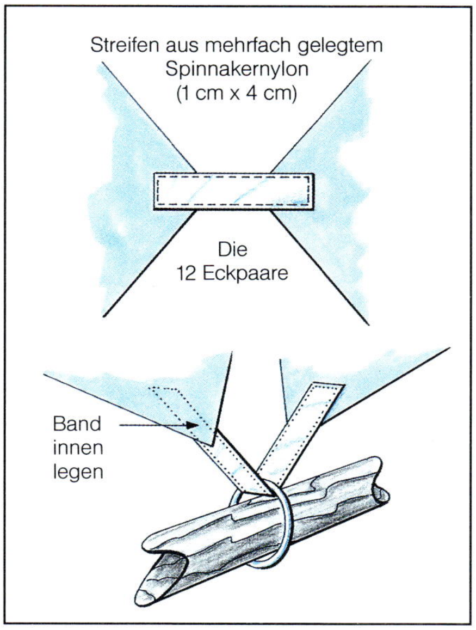

Diese Streifen verbinden zwölf Eckenpaare. Entnehmen Sie diese Paare der Zeichnung.
Nähen Sie die Streifen von innen auf die Ecken.
Je einen Schlüsselring an den Streifen befestigen. Durch diese Ringe werden später die Rundhölzer geschoben.

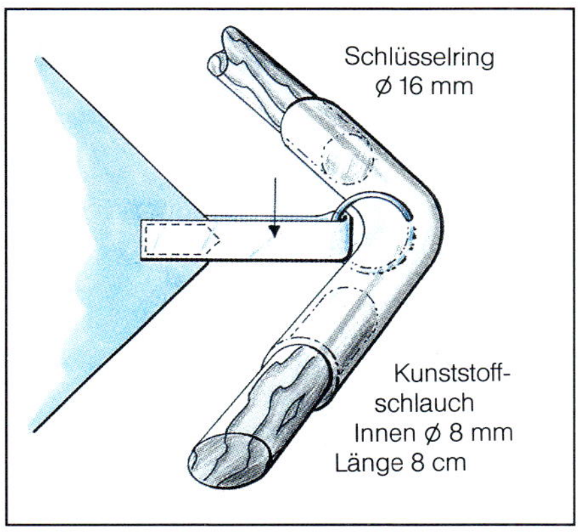

Die übriggebliebenen sechs Teile erhalten Schlaufen aus mehrfach gelegtem Spinnakernylon.
Schneiden Sie sechs Schlauchstücke mit einer Länge von 8 cm zu. Mit einer Lochzange in der Mitte ein Loch stanzen.
Einen Schlüsselring durch dieses Loch und die Schlaufe ziehen.
Die Schlauchstücke dienen als Verbindungselemente des Rahmengerüstes.

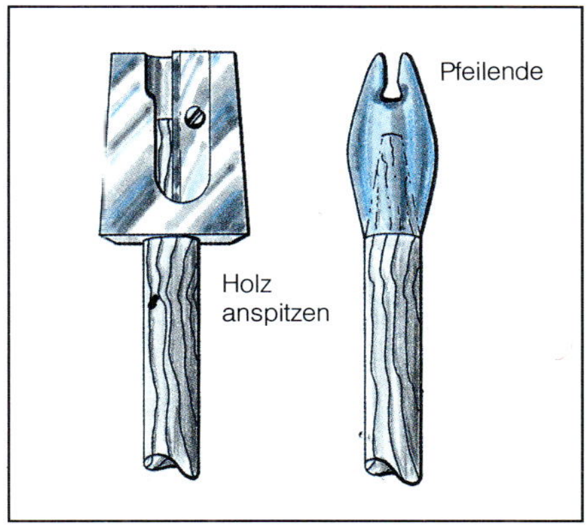

Schneiden Sie den Längsholm auf die entsprechende Länge. Er soll etwa 4 cm über die Tasche hinausragen.
Die Enden werden 0,5 cm tief und 0,2 cm breit eingesägt. Tauchen Sie die Enden in Holzleim. Nach dem Trocknen des Leims haben die eingesägten Enden eine höhere Festigkeit. Eine elegantere Methode ist, eine Pfeilkerbe auf das angespitzte Ende des Holzrundstabes zu stecken. Nachdem der Mittelholm in die Tasche gesteckt wurde, befestigen Sie je einen Schlüsselring mit einer 2-cm-Schnur an den Schlaufen des Segels. Die Tasche des Mittelholms wird kräftig gespannt. Ein

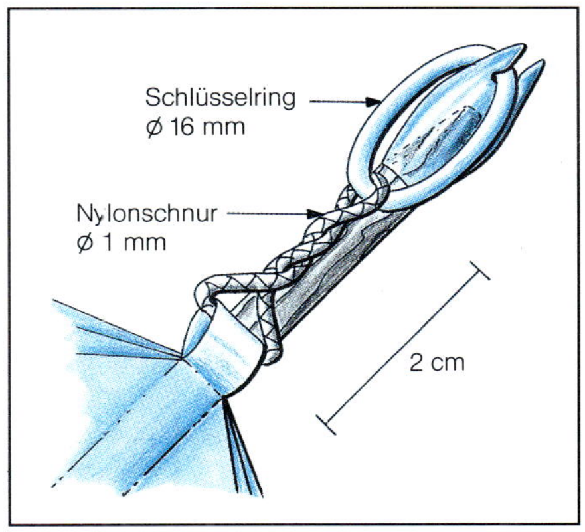

Nachspannen ist durch Aufdrehen der Schnur möglich. Stäbe für das Rahmengerüst auf Länge schneiden und in die Schläuche schieben. Das Segel muß kräftig gespannt werden.
Die Waage wird an einer Spitze und an zwei Ecken des Rahmens befestigt (siehe Foto S. 63). Vorderer Waagenschenkel 127 cm, hinterer Waagenschenkel 130 cm.

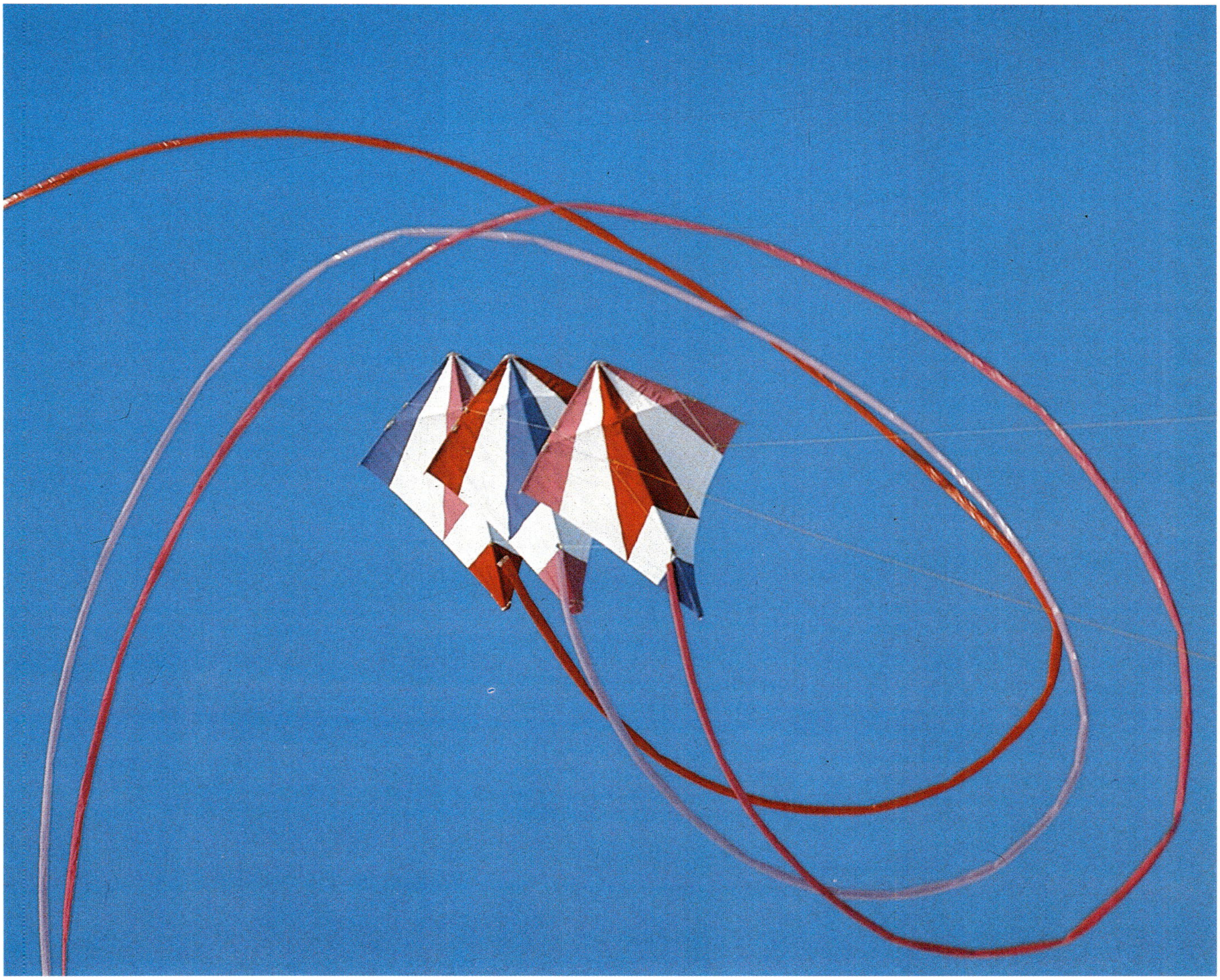

Peter Powell

Lenkdrachenfliegen ist ein Sport, der Geschick, Reaktionsvermögen und zuweilen auch Kraft erfordert. Das bekamen auch die Zuschauer der 1. Deutschen Lenkdrachenmeisterschaft in Berlin 1986 zu sehen.

Als Mitte der siebziger Jahre der Engländer Peter Powell seinen gleichnamigen Lenkdrachen vorstellte und der Drachen wenig später mit Preisen ausgezeichnet wurde, stieg die Popularität der Lenkdrachen von Jahr zu Jahr.

Der Peter-Powell-Lenkdrachen bietet präzisen Kunstflug. Sein Gerüst aus Glasfiber ähnelt dem eines Rogallo-Drachens.

Das Glasfibergerüst und eine Bespannung aus Spinnakernylon erlauben es, den Drachen in einem hohen Bereich von Windgeschwindigkeiten einzusetzen.

Besonderheit des Peter-Powell-Lenkdrachens ist sein etwa 20 m langer Schlauchschwanz. Wie ein Himmelsschreiber zieht dieser Schwanz aus Kunststoff die geflogenen Figuren nach. Wie alle Lenkdrachen kann auch der Peter Powell im Gespann geflogen werden. Mit zunehmender Stückzahl erhöht sich auch die Zugkraft eines Lenkdrachengespanns. Schon mancher Pilot wurde meterweit über den Boden gezogen.

Baumaterial:
1,7 m Spinnakernylon
1 GFK-Stab, 350 cm lang, 0,6 cm ⌀
Hochdruckschlauch, 15 cm lang, 0,6 cm ⌀
T-Verbindungsteil oder Hartkunststoffstück.
7 x 2,1 x 1 cm
selbstklebendes Nylon
Dacronstreifen
Nylonschnur, 0,1 cm ⌀
2 Schlüsselringe, 1,6 cm ⌀
16 m PVC-Schlauchschwanz

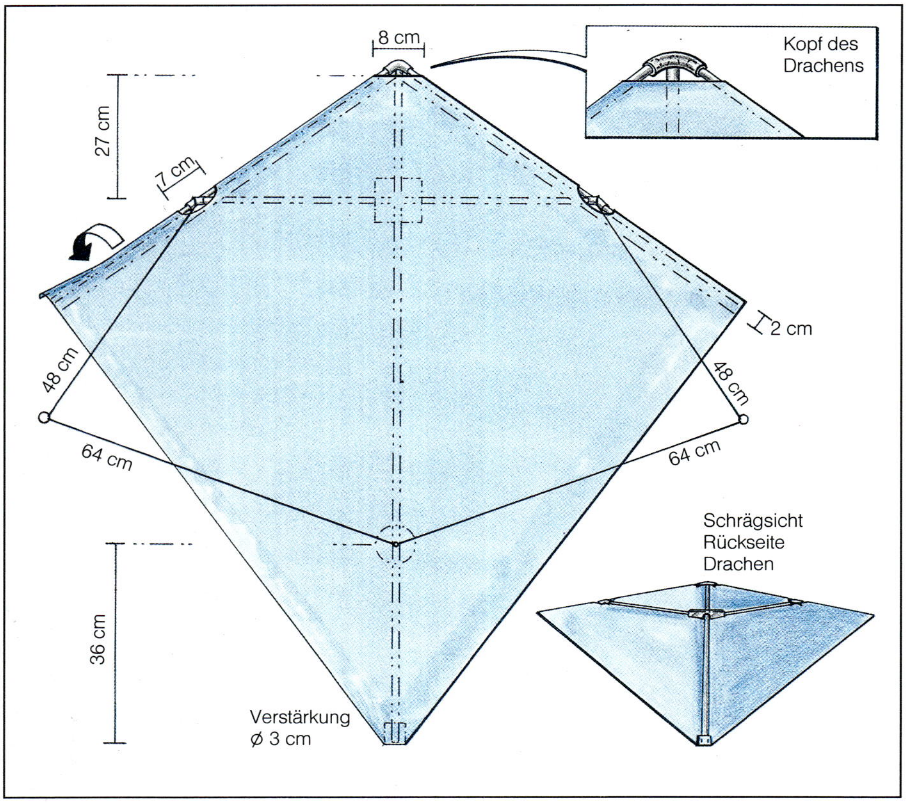

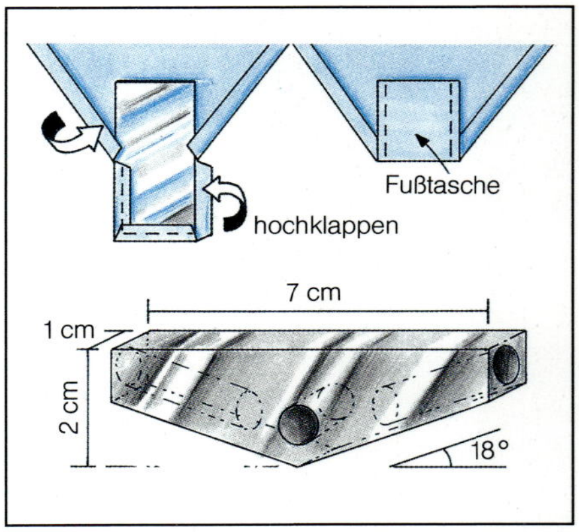

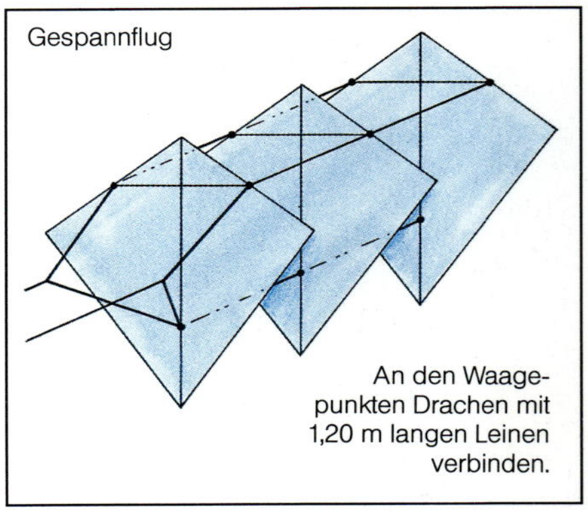

Bauanleitung:
Für die Herstellung des Peter-Powell-Drachensegels sollte Spinnakernylon mittlerer Stärke (etwa 50 g/m^2) genommen werden. Verwenden Sie eine Schablone aus Wellpappe, Sie können so das Segel jederzeit reproduzieren. Vergessen Sie nicht die Zugaben für die Säume (siehe Zeichnung).
Sie müssen zunächst zwei Verstärkungsteile (5 x 10 cm) aus selbstklebendem Nylon auf die angegebene Position des Segels kleben.

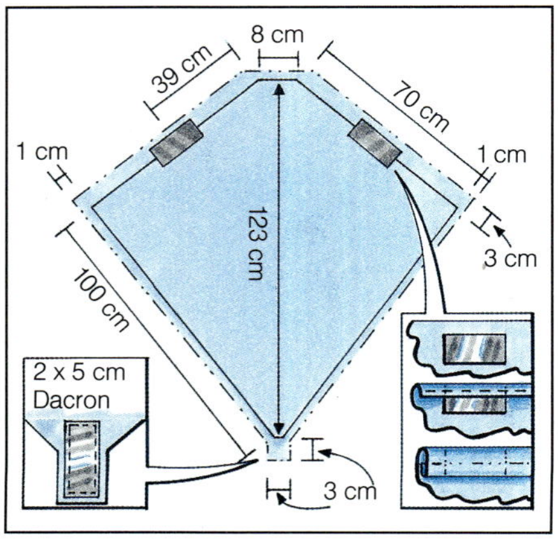

Ein 2 x 5-cm-Dacronstreifen wird wie angegeben auf die Fußtasche genäht. Selbstklebendes Nylon in drei Schichten erfüllt den gleichen Zweck.
Sämtliche Kanten des Segels einmal 0,5 cm säumen. Fußtasche seitlich einschneiden (mit dem Lötkolben) und ebenfalls säumen (siehe Zeichnung).
Die Schleppkanten und die 8 cm breite Spitze noch einmal 0,5 cm säumen.
Denken Sie daran: Taschen und Säume liegen auf der Rückseite des Segels.
Fußtasche hochklappen und festnähen. Nähen Sie als nächstes die 2 cm breiten Taschen für die Flügelholme.
Die Taschen müssen mindestens so groß sein, daß ein 0,6-cm-GFK-Stab hineinpaßt.
Mit einem Lötkolben werden zwei halbkreisförmige Ausschnitte in die Taschen geschnitten (Position siehe Zeichnung). Stellen Sie zwei Schlauchteile (4 cm) für die Seitenholme und ein Schlauchteil (7 cm) als Kopfstück her (siehe Verbindungstechnik 12 und 13).
Das X-Verbindungsteil gibt es in jedem Drachenladen. Wer dieses Teil nicht bekommt, kann es aus einem Stück Hartkunststoff selber herstellen (siehe Zeichnung). Das Gestänge des Drachens soll dem Segel angepaßt sein. Schieben Sie die Seitenholme in die dafür vorgesehenen Taschen. Im Bereich der halbkreisförmigen Öffnungen die Schlauchverbindungsteile über die Holme schieben. Erst nachdem Sie die Seitenholme mit dem Kopfschlauchstück angepaßt haben, sollten Sie diese auf ihre endgültige Länge schneiden.
Das X-Verbindungsteil über den 0,6-cm-GFK-Mittelholm schieben und den Holm einpassen.
Die beiden 0,6-cm-GFK-Querholme sollen so eingepaßt werden, daß das Segel stramm durch das Gerüst gespannt wird. Die Verbindungsteile sollten mit Tesaband gegen Verrutschen gesichert werden. Die doppelte Waage wird an den seitlichen Schlauchteilen sowie am Längsholm befestigt. Kleben Sie Verstärkungsstücke aus selbstklebendem Nylon am hinteren Waagenbefestigungspunkt und am Kreuzpunkt des Gerüstes auf die Rückseite des Segels.
Der Schlauchschwanz wird mit einem Karabinerhaken am hinteren Waagenpunkt auf der Vorderseite des Segels befestigt.

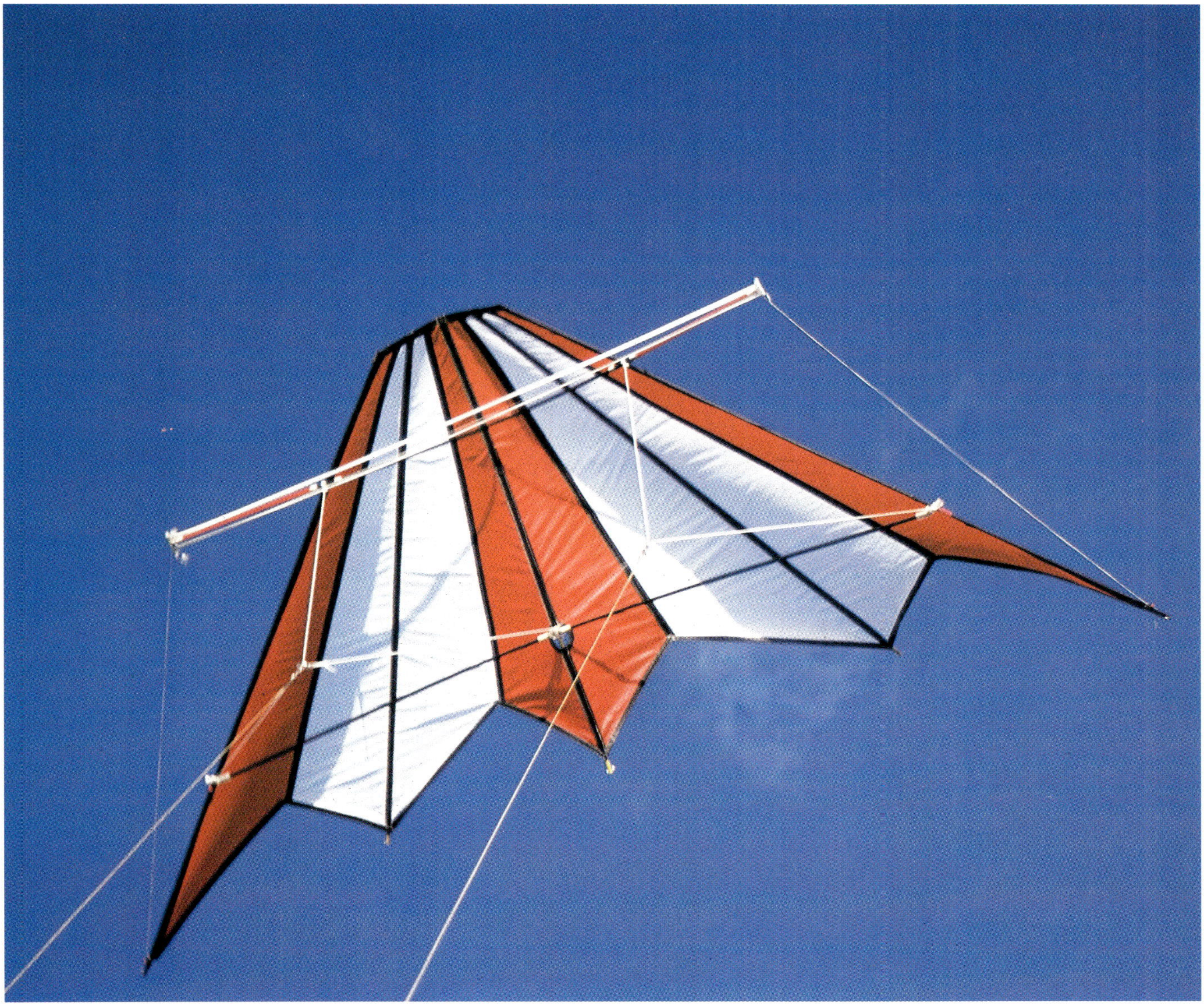

Vector

In den letzten Jahren sind eine Reihe neuer Lenkdrachentypen in den USA entwickelt worden. Hyperkite, Skynasaur und Hawaiian sind nur einige Beispiele. Ein Großteil dieser neuen Lenkdrachen basiert auf dem Rogallo-Prinzip der flexiblen Tragflächen. Aufgrund dieser Tatsache sind einige Lenkdrachen (man nennt sie auch Stunter) in der Lage, Geschwindigkeiten von 100 km/h zu erreichen.
Bei diesen Geschwindigkeiten kommt es vor, daß die Schleppkanten zu flattern beginnen. Das Flattern mag willkommen sein oder nicht, auf jeden Fall bremst es den Flug des Lenkdrachens.
Bei dem hier vorgestellten Vector ist das Flattern durch Modifizierung der Schleppkante auf ein Minimum reduziert. Präzise Flugmanöver, hohe Fluggeschwindigkeit sowie die Fähigkeit, enge Kreise zu fliegen, zeichnen diesen Lenkdrachen aus.

Baumaterial:
2,5 m Spinnakernylon
Kohlefaserhohlstäbe, 550 cm lang, 1 cm ⌀
Kohlefaserhohlstäbe, 110 cm lang, 0,8 cm ⌀
2 Raminrundhölzer, 118 cm lang, 0,7 cm ⌀
Hochdruckschlauch, 30 cm lang, 0,8 cm ⌀
Hochdruckschlauch, 4,5 cm lang, 1,3 cm ⌀
Hochdruckschlauch, 24 cm lang, 1 cm ⌀
Nahtband 13 m, 2 cm breit
Gurtband 35 cm, 4 cm breit
GFK-Tesafilm
Nylonschnur, 2,5 mm ⌀
2 Schlüsselringe, 3 cm ⌀
5 Schlüsselringe, 1,6 cm ⌀
selbstklebendes Nylon
5 Pfeilenden

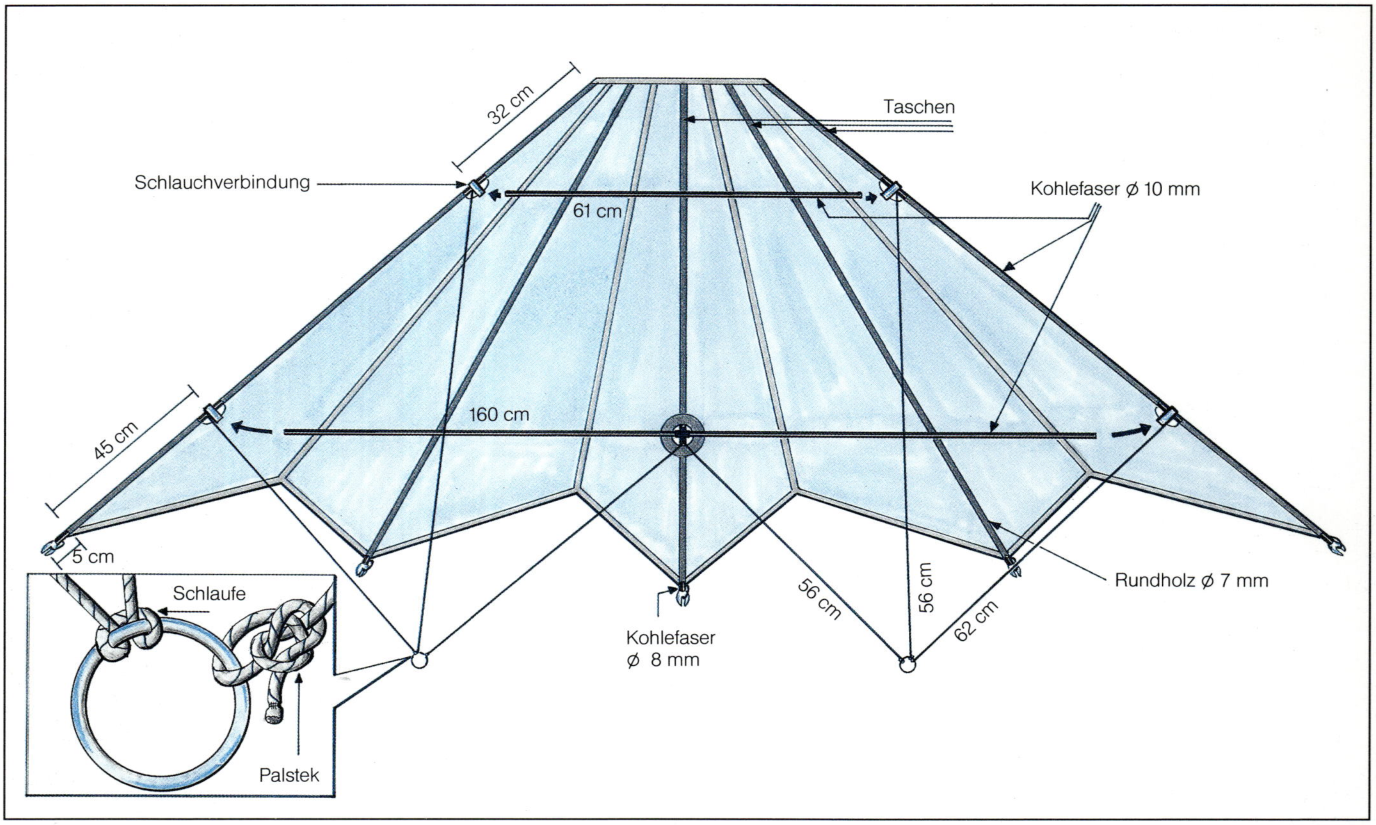

Bauanleitung:
Das Segel des hier vorgestellten Vector-Lenkdrachens besteht aus fünf zusammengesetzten Teilen. Die farbliche Zusammenstellung des Segels sowie die schwarzen Streifen sind ein Dekorationsvorschlag.
Schneiden Sie sich Schablonen für die Segelteile aus Wellpappe zu (Saum nicht vergessen).
Nach dem Zuschneiden der fünf Segelteile werden diese mit einer Kappnaht (siehe Nähtechnik 1) zusammengefügt. Vier Verstärkungsteile (2,5 x 12 cm) und einen Kreis mit 7 cm Durchmesser aus selbstklebendem Nylon auf die Flügelkanten und im hinteren Kreuzpunkt des Gerüstes auf das Segel kleben.
Das Segel wird jetzt rundherum einfach gesäumt, Verstärkungsteile liegen unter dem Saum (siehe dazu die Zeichnung). Als nächstes wird die Schleppkante mit einem Streifen schwarzem Nahtband verstärkt. Das Nahtband wird mit zwei Nähten auf die Säume des Segels genäht (siehe Zeichnung). An den Ecken das Nahtband nicht trennen, sondern durchgehend verarbeiten.
Auf die rot-weißen Übergänge des Segels ebenfalls schwarzes Nahtband nä-

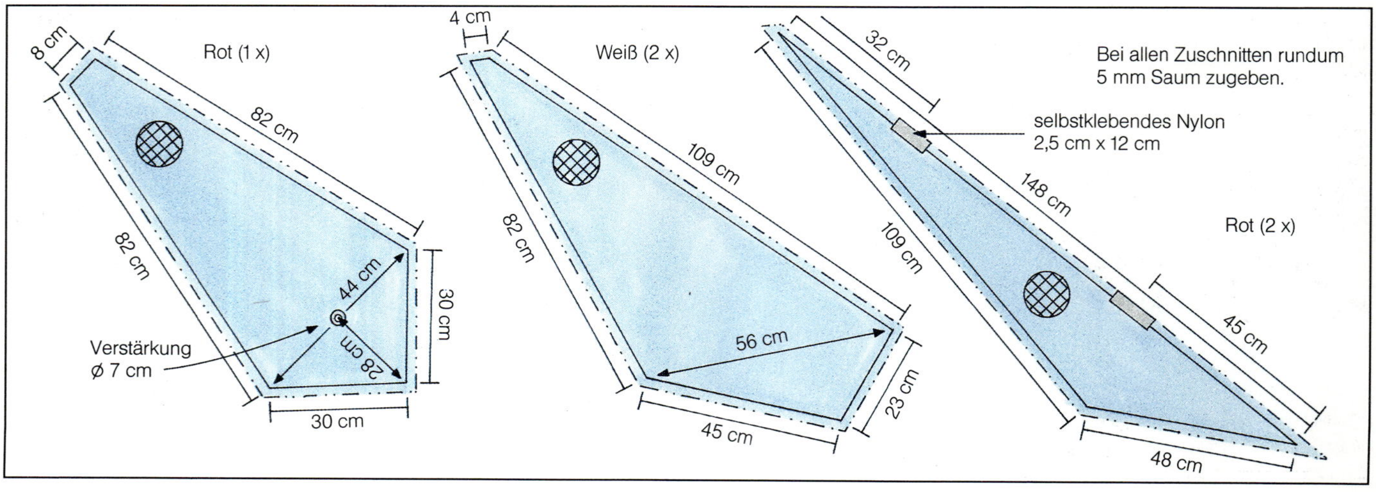

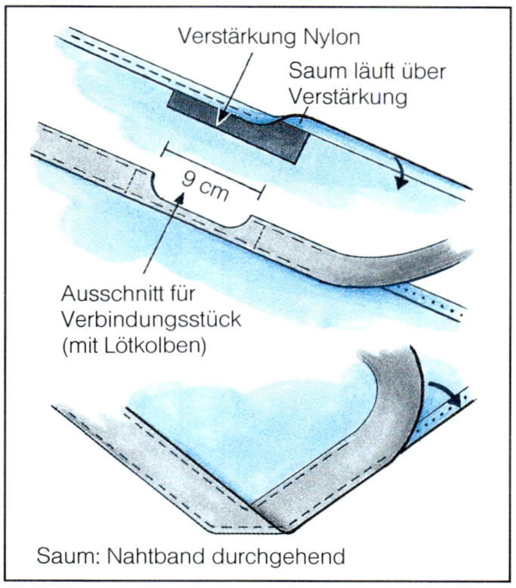

hen. Die Enden der Nahtbänder mit einem Lötkolben abschneiden (versiegeln).

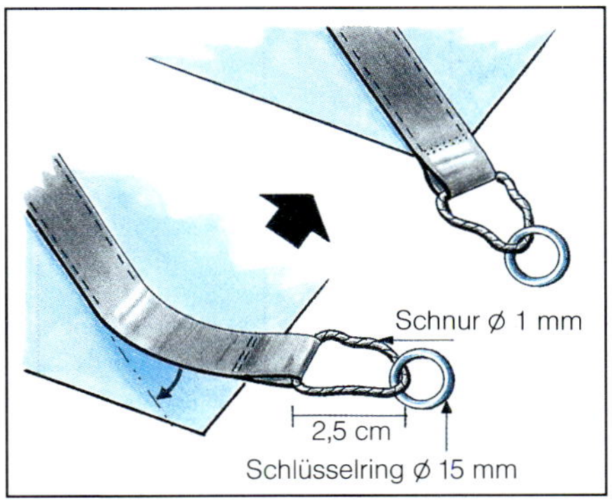

Die auf der Rißzeichnung bezeichneten Taschen aus 16 mm breitem Nahtband auf das Segel nähen.
Am hinteren Ende wird das Band zu einer Schlaufe gelegt, bevor man es an das Segel näht. Die Schlaufe soll etwa 1 cm über die Schleppkante hinausragen (siehe Zeichnung).

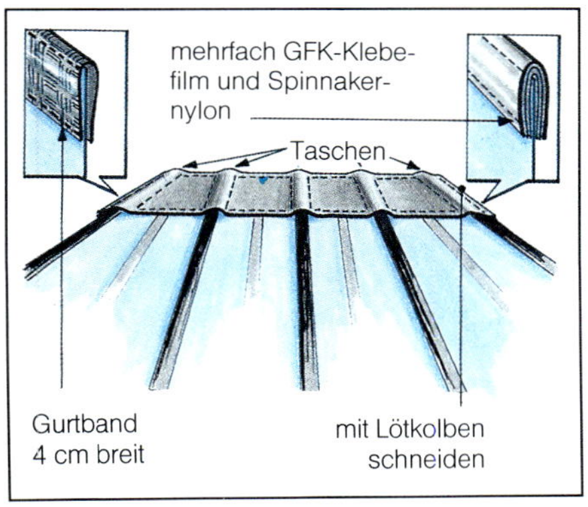

Befestigen Sie je einen 1,6-cm-Schlüsselring mit einer Schnur im Abstand von 2,5 cm an diesen Schlaufen.
Die vordere Spitze des Segels sollte kräftig verstärkt werden. Dafür gibt es zwei Möglichkeiten:

1. Kleben Sie mehrere Lagen GFK-verstärkten Klebefilm über die vordere Kante. Ein umsäumter Streifen Spinnakernylon wird als letzte Lage darüber vernäht (siehe Zeichnung).
2. Ein 4 cm breites Gurtband (Autosicherheitsgurtband) wird über die Kante gelegt und wie in der Zeichnung angegeben vernäht.

Für beide Fälle gilt, daß die Enden mit einem Lötkolben verschweißt werden.
Schneiden Sie mit einem Lötkolben 9 cm lange, halbkreisförmige Ausschnitte in die Flügelkanten (je zwei pro Kante, siehe Zeichnung).
Die Seitenholme werden aus je zwei Kohlefaserstäben mittels eines Verbindungsteils zusammengesetzt. Die Kohlefaserstäbe sind im Drachenfachgeschäft erhältlich (siehe Verbindungstechnik 8).
Vier Hochdruckschlauchteile sind die Verbindungselemente von Seiten- und Querholm. Schieben Sie die Seitenholme in die Taschen. Im Bereich der halbkreisförmigen Öffnungen Schlauchteile über die Holme schieben (siehe Verbindungstechnik 12).
Die beiden Raminrundhölzer mit 0,7 cm Durchmesser in die Taschen schieben. Seitenholme und Rundhölzer sollen etwa 5 cm aus den Taschen herausragen.

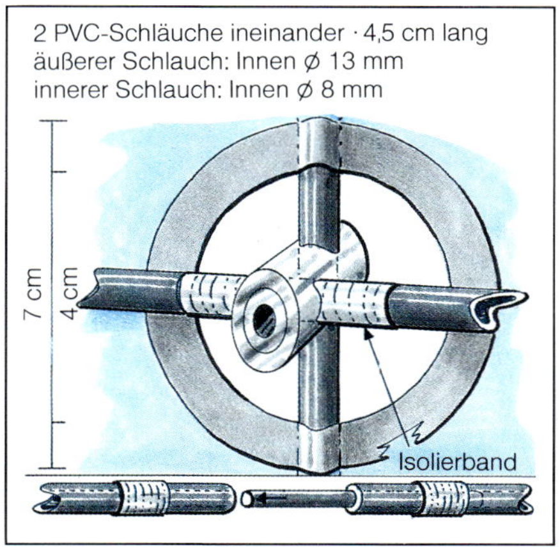

Das T-Verbindungsteil, das den Mittelholm und den langen hinteren Querholm verbindet, besteht aus zwei ineinandergeschobenen Schlauchabschnitten (siehe Verbindungstechnik 7). Diese Kreuzverbindung erhält zwei um 90° versetzte Bohrungen für den Längs- und Querholm. Mit dem Lötkolben ein 4 cm großes Loch in die Verstärkung des Segels am Kreuzpunkt schneiden.
Schieben Sie den Längsholm in die Tasche. Im Bereich des kreisförmigen Ausschnittes liegt die Schlauchverbindung. Längsholm auf Länge schneiden.
Kerben Sie die Holme an den Enden etwa 0,5 cm tief ein. Das Segel soll stramm gespannt sein. Durch Aufdrehen der Schnur zwischen Schlüsselring und Tasche kann die Spannung reguliert werden (siehe Zeichnung).

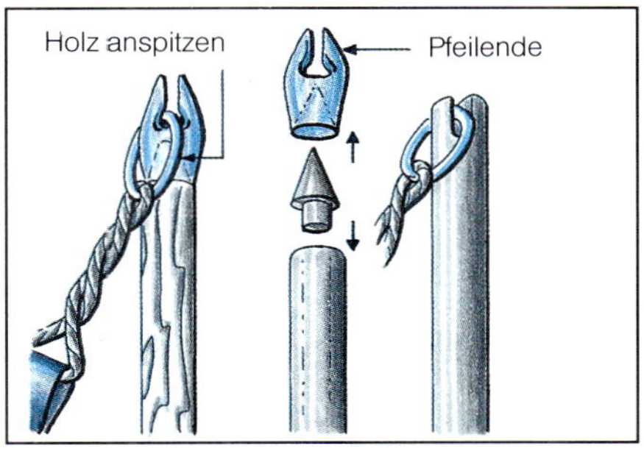

Eine elegantere Methode ist die Spanneinrichtung mit Pfeilenden. Eine Aluminiumspitze hält das Pfeilende im Kohlefaserstab. Die Rundhölzer werden angespitzt, um das Pfeilende zu halten (siehe Zeichnung).
Der hintere Querholm wird aus zwei Kohlefaserstäben zusammengesetzt. Das Verbindungsteil befindet sich im Kreuzpunkt (siehe Zeichnung).
Sägen Sie den hinteren und vorderen Querholm auf Länge 160 cm/61 cm, und stecken Sie die Holme in die Verbindungsschläuche.
Entnehmen Sie die Längen der Waagenleinen der Rißzeichnung. Die Leinen enden an einem 3-cm-Schlüsselring. Beachten Sie: Die Waagenleinen eines Seitenholms sind durchlaufend und werden mit einer Schlaufe am Schlüsselring befestigt. Der Neigungswinkel des Drachens kann so problemlos eingestellt werden.

Warum Drachen fliegen

Die ersten Drachenkonstruktionen liegen nun schon mehr als 2000 Jahre zurück, und man kann ahnen, wie viele sich über die Theorie des Drachenfluges Gedanken gemacht haben. Einen nicht unwesentlichen Beitrag dazu lieferte der Schweizer Mathematiker Daniel Bernoulli (1700–1782). Sein Lehrsatz besagt, daß der Druck von Flüssigkeiten und Gasen mit zunehmender Strömungsgeschwindigkeit abnimmt. Dieser Lehrsatz läßt sich schnell beweisen: Wölben Sie einen etwa 15 cm langen Papierstreifen etwas und knicken ihn an einem Ende derart um, daß man den Streifen über einen Bleistift hängen kann. Blasen Sie nun über die gewölbte Seite. Die höhere Strömungsgeschwindigkeit auf der Oberseite des Papiers, im Gegensatz zur Unterseite, bewirkt einen Unterdruck auf der Oberseite, der den Streifen nach oben zieht (siehe Zeichnung a).
Bei herkömmlichen Drachen, die kein gewölbtes Profil haben, und das sind die meisten, entsteht der Auftrieb durch den Preßdruck der Luft an der Vorderseite des Drachens. Die Höhe dieses Druckes ist abhängig vom Anstellwinkel des Drachens.
Bei zu niedrigem Anstellwinkel (etwa 8°) ist der Luftwiderstand des Drachens und damit der Druck auf die Vorderseite gering. Der Unterdruck auf der Rückseite verschafft dem Drachen Auftrieb (siehe Zeichnung b).

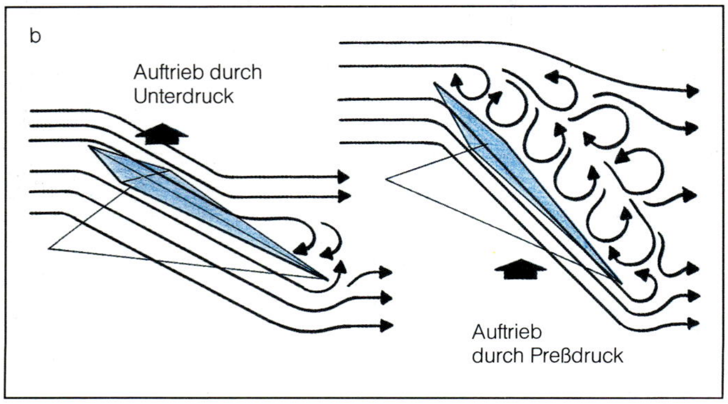

Mit zunehmendem Anstellwinkel erhöht sich der Luftwiderstand des Drachens, aber der Luftstrom auf seiner Rückseite reißt ab, und es bilden sich dort Verwirbelungen. Folge: der Unterdruck läßt nach.
Der Preßdruck auf die Vorderseite des Drachens und der Widerstand der Flugleine verhindern ein Absacken. Tatsächlich fliegen die Drachen in einem hohen Anstellwinkel zum Wind. Fachleute sprechen von einer überzogenen Fluglage (siehe Zeichnung c).

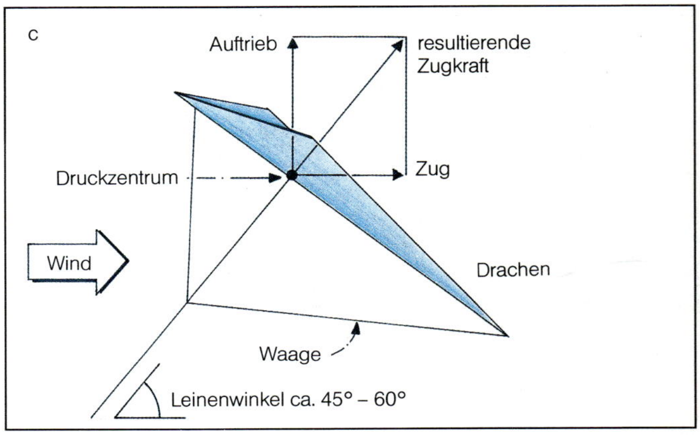

Der verwirbelte Luftstrom auf der Rückseite des Segels trägt nicht viel zum Auftrieb bei.
Bei einem Leinenwinkel von 45°–60° stehen Luftwiderstand und Auftrieb in einem günstigen Verhältnis, und der Drachen nimmt eine stabile Fluglage ein. Voraussetzung dafür ist, daß der Auftrieb in der Lage ist, den Drachen mit seinem Gewicht in entsprechender Höhe zu halten.
Eine Ausnahme bilden die Drachen mit Tragflächenprofil. Durch die gewölbte Rückseite sind beispielsweise Parafolien in der Lage, mit niedrigem Anstellwinkel zu fliegen.
Parafolien erhalten ihren Auftrieb durch den entstehenden Unterdruck auf der Rückseite des Drachens. Der niedrige Anstellwinkel ermöglicht den Parafolien, mit einem effizienten Leinenwinkel zu fliegen (etwa 70°). Aber auch bei den herkömmlichen Drachen sind die Oberflächen nie ganz flach. Der Winddruck preßt das Drachensegel zwischen die Holme, es entstehen gekrümmte Tragflächen, und der Wind ist bestrebt, über die Rückseite des Drachens zu strömen.

Stabilität

Die Stabilität eines Drachens ist von mehreren Faktoren abhängig. Dazu gehören die richtige Einstellung der Waage, die Form, die Kiele und nicht zuletzt der Schwanz.
Waageneinstellung: Generell gilt, eine symbolische Verlängerung der Zugleine sollte auf das Druckzentrum (Gleichgewicht der Flächen, die gegen den Wind stehen) des Drachens zeigen.

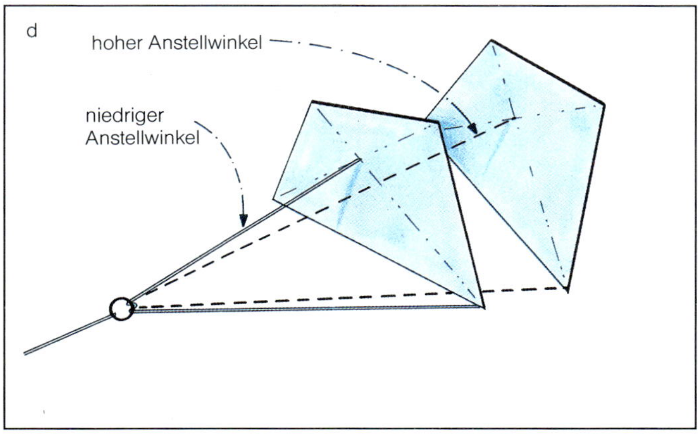

Die in den Bauanleitungen angegebenen Waagenlängen habe ich im Flugversuch ermittelt. Bei abweichenden Maßen der nachgebauten Drachen müssen Sie vielleicht die Waageneinstellung verändern. Ein Ring im Zugpunkt der Waage erleichtert das Einstellen des Anstellwinkels (siehe Zeichnung d).
Die Form: Drachen mit V-Form stabilisieren sich durch den sich ausgleichenden Druck auf die Segelflächen. Ein Zurückweichen der einen Seite bewirkt automatisch einen höheren Luftwiderstand der anderen Seite, und der Drachen kehrt in die für den Wind drucksymmetrische Lage zurück (siehe Zeichnung e). Drachen mit Seitenflächen wie Kastendrachen erhalten ihre Stabilität durch die Segelflächen, die in Windrichtung stehen. Durch die stabilisierende Wirkung der Seitenflächen sind Zellendrachen in der Lage, auch in Böen stabil zu fliegen. Kastendrachen können mit der flachen Seite zum Wind geflogen werden, dann unterscheidet man zwischen Auftriebs- und Stabilisierungsflächen. Fliegt der Drachen mit einer Kante zum Wind, wirken alle Flächen gleichzeitig als Auftriebs- und Stabilisierungsflächen (siehe Zeichnung f).

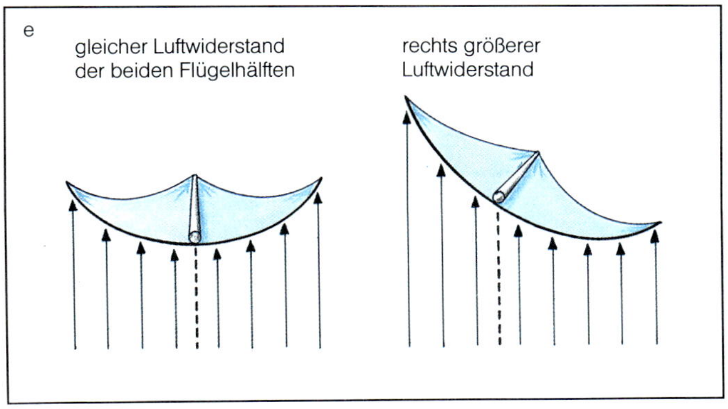

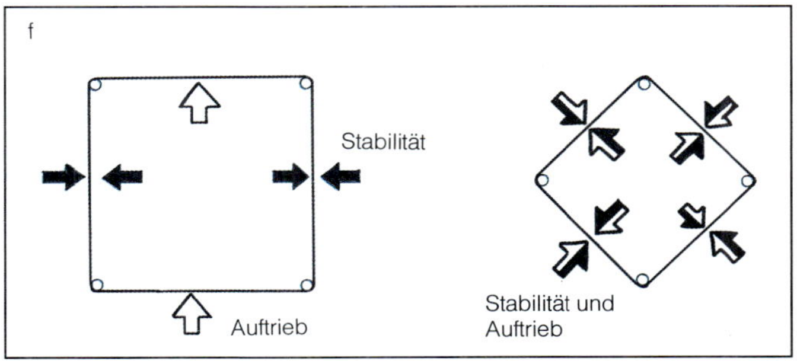

Kiele: Kiele, auch Bauschen genannt, können auf der Rück- oder Vorderseite des Drachens angebracht sein. Sie zeigen immer in Windrichtung und verhindern ein seitliches Ausbrechen des Drachens.
Schwänze: Schleppsäcke und Schwänze tragen nicht durch ihr Gewicht, sondern durch ihren Zug an der Hinterkante des Drachens zur Stabilität bei.

Einige effektive Schwanzformen

Lenkdrachen

Das Fliegen von lenkbaren Drachen hat eine lange Tradition. Erste Aufzeichnungen besagen, daß bereits 1861 Captain Nares einen lenkbaren Drachen zur Rettung Schiffbrüchiger einsetzte. Sein flächenwinkliger Drachen wurde mit einer zweiten Leine geflogen. Diese Leine war am Fußpunkt des Drachens befestigt. Wollte man den Schiffbrüchigen an Land absetzen, wurde durch Ziehen an dieser Leine der Neigungswinkel derart verändert, daß der Drachen zu Boden ging. Bei ablandigem Wind befestigte man die Steuerleine an einer Seite des Drachens. Ein Ziehen an dieser Leine bewirkte, daß der Drachen in seitliche Richtung an Land flog. Durch stärkeres Ziehen an dieser Leine ging der Drachen zu Boden, und der Schiffbrüchige konnte abgesetzt werden. Noch heute gibt es Lenkdrachen, die dem Naresschen Drachen sehr ähnlich sind.
Die Steuerung von Lenkdrachen funktioniert bei allen auf die gleiche Weise: Die beiden Steuerleinen sind über eine Waage mit der linken und der rechten Seite des Drachens verbunden. Um den Drachen im Flug zu steuern, wird eine Steuerleine nachgegeben oder angezogen. Dadurch verlagert sich das Druckzentrum des Drachens derart, daß er anfängt zur Seite auszubrechen. Stärkeres Ziehen oder Nachgeben bewirkt kreisförmige Bewegungen.
Bei hohen Windgeschwindigkeiten reagieren Lenkdrachen äußerst präzise auf Steuermanöver. Geschickte Lenkdrachenpiloten sind in der Lage, im horizontalen Flug knapp über dem Boden zu fliegen oder bestimmte Ziele genau anzusteuern.
Lenkdrachen sollte man mit einer Leinenlänge zwischen 30 und 50 m fliegen. Entscheidend für guten Flug des Drachens ist die Wahl der richtigen Schnur.
Um den Drachen auch mit mehrfach verdrehter Schnur einwandfrei fliegen zu können, muß ihre Oberfläche möglichst glatt sein. Es macht dann nichts, wenn die Leinen verdreht sind. Durch Gegenlenken werden sie problemlos zurückgedreht. Noch wichtiger ist die Dehnfestigkeit der Lenkdrachenleine. Einwandfreie Lenkmanöver sind nur dann möglich, wenn die Reaktion des Drachens auf die Steuermanöver nicht durch die Dehnung der Leine verzögert wird.
Bestens bewährt haben sich Leinen aus Trevira. Sie haben eine glatte Oberfläche und eine hohe Bruch- und Dehnfestigkeit. Lenkdrachenspezialisten benutzen Leinen aus Aramid wie Kevlar, Twaron oder Herculine. Diese Kohlefaserleinen zeichnen sich bei gleicher Bruchlast durch geringen Querschnitt aus. Dadurch ist der Luftwiderstand der Leine geringer, und der Drachen erreicht eine höhere Geschwindigkeit.
Den höchsten Punkt gegen den Wind erreicht ein Lenkdrachen immer in Bodennähe, da sein Luftwiderstand in diesem Bereich am größten ist. Je höher der Drachen gegen den Wind fliegt, desto geringer wird seine Geschwindigkeit und Zugkraft. Am höchsten Punkt steht der Drachen still.

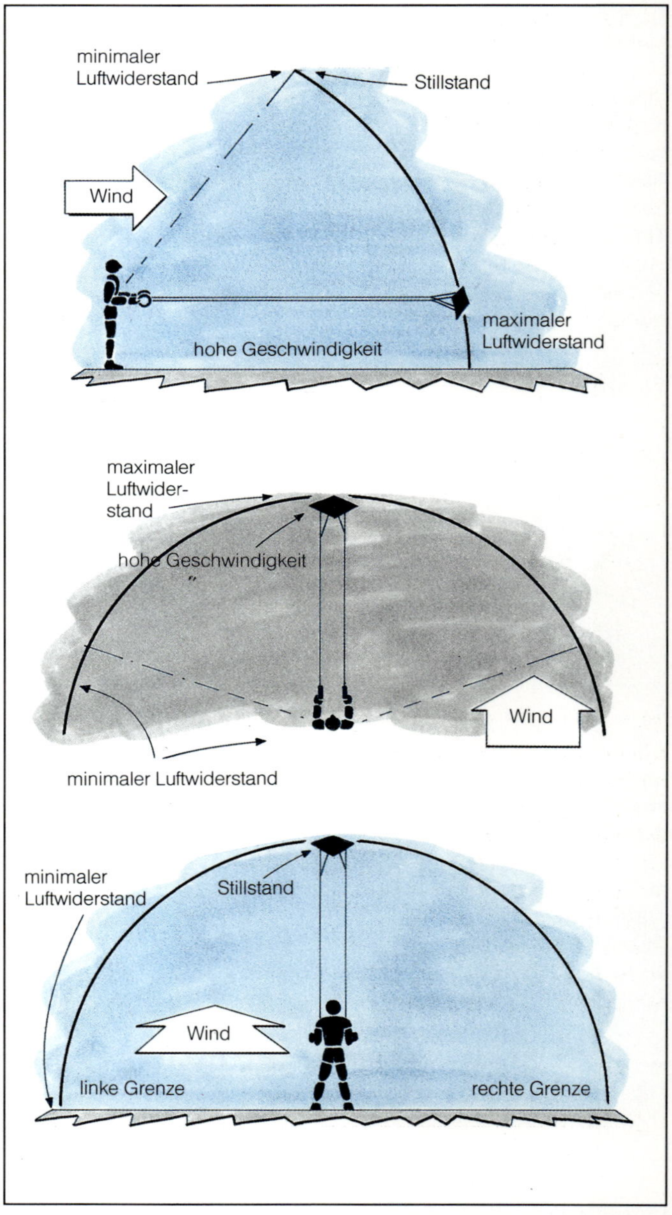

Der Zug eines Lenkdrachens ist am geringsten, wenn er seinen maximalen Steigpunkt erreicht hat. Je höher der Drachen steigt, desto kleiner ist seine Geschwindigkeit, und er kommt schließlich zu Stillstand. Lenkt man den Drachen von diesem Punkt aus senkrecht nach unten, nimmt sein Luftwiderstand stetig zu. Dadurch erhöhen sich Zug und Geschwindigkeit.
Lenkdrachen lassen sich bis zu einem bestimmten Winkel gegen den Wind lenken (vergleichbar mit dem Kreuzen von Segelschiffen).

So fliegt man seinen Lenkdrachen:
Geschickte Lenkdrachenpiloten starten ihren Drachen ohne Helfer. Legen Sie zwei gleichlange Leinen etwa 50 m aus. Um einwandfreie Flugmanöver fliegen zu können, müssen die Leinen exakt gleichlang sein. Aufgrund örtlicher Gegebenheiten sollten Sie in der Lage sein, die Leinenlängen zu variieren. Um Start und Flug zu erleichtern, fixiert man die Schnur an der Haspel. Bei den handelsüblichen Haspeln hat sich folgender Trick bewährt: Bohren Sie vier Löcher in die Wandungen der Haspel. Mit einem GFK-Stab entsprechender Größe, er soll stramm in den Bohrungen sitzen, kann die Leinenlänge sehr genau eingestellt werden (siehe Zeichnung).

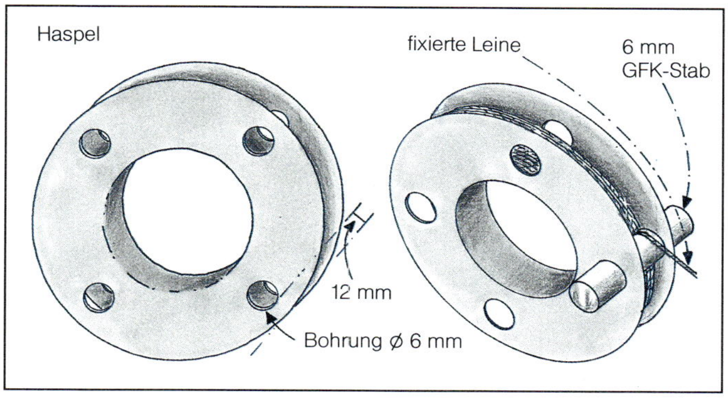

Nachdem die Leinen ausgelegt sind, befestigen Sie die Haspeln mit einem Holzstab im Boden. Lenkdrachen sollen immer mit einem kräftigen Wirbel und Karabiner an der Leine befestigt werden (siehe Zeichnung).
Der Drachen muß genau in Windrichtung aufgestellt werden. Drachen mit ebener Hinterkante wie der Vector werden senkrecht in den Wind gestellt, Drachen wie den Peter Powell stellt man auf einen Seitenholm. Ein ausgleichender Leinendruck verhindert, daß der Drachen umkippt. Starten Sie den Drachen mit gleichzeitigem Ziehen an beiden Steuerleinen.

Für den Lenkdrachenflug ist es wichtig, offenes Gelände zu wählen. Ein kurzer Ruck genügt dann, um den Drachen in die Höhe steigen zu lassen. Der Startvorgang gilt auch für Gespannflug.
Unter gleichem Zug an den Steuerleinen fliegen Lenkdrachen immer in die Richtung, in die die Spitze des Drachens gerade zeigt. Auch bei horizontalem Flug muß also gleichmäßig an beiden Leinen gezogen werden.
Es gibt zwei Möglichkeiten, Lenkdrachen zu fliegen:

1. Die direkte Kontrolle der Leinen mit Handgriffen oder Schlaufen.
2. Eine Lenkstange überträgt die Bewegungen der Hände auf die Leinen.

Mehr Fluggefühl und damit genaueres Fliegen von Figuren ist mit dem direkten Kontakt der Leine über Handgriffe möglich. Bei Lenkdrachen mit hoher Zugkraft oder bei größeren Gespannen eignen sich Lenkstangen. Es gibt Lenkdrachenpiloten, die sich an PKWs oder Bäumen festbinden, um nicht vom Zug der Drachen über den Boden zu rutschen.
Der Drachen Club Deutschland richtete 1986 die ersten deutschen Lenkdrachenmeisterschaften aus. Die untenstehenden Figuren zeigen das Pflichtprogramm der Teilnehmer. Bewertet wurde nach Symmetrie und Formtreue der Figuren. Außerdem mußte ein Kürprogramm von einer Minute geflogen werden.
Um Unfälle zu vermeiden, fliegen Sie Ihre Lenkdrachen immer mit einer einwandfreien Ausrüstung. Denken Sie daran, daß bei dichtem Fliegen über dem Boden Personen oder Tiere erschreckt werden können.

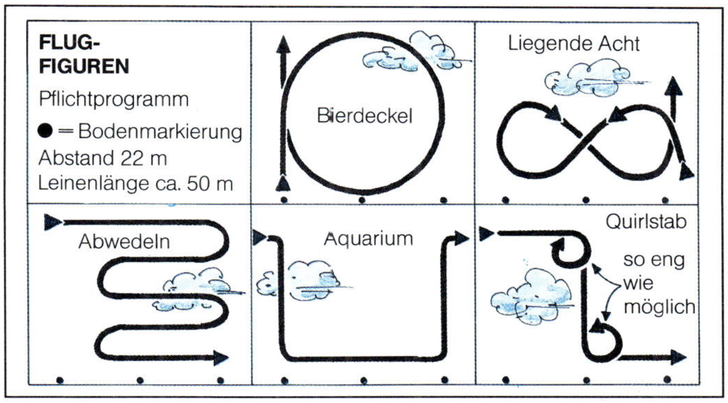

Flugtechnik

Es gibt nichts Wichtigeres für einen Drachenbauer, als mit dem fertiggestellten Drachen erste Flugversuche durchzuführen. Häufig verhindern schlechte Wetterverhältnisse oder fehlender Wind einen ersten Start, und das Warten auf günstige Bedingungen wird für den Drachenbauer zu einem Geduldspiel.
Optimale Windgeschwindigkeiten (siehe Windtabelle) für einen erfolgreichen Drachenstart liegen zwischen 15 und 30 km/h. Drachen wie der Flare oder Delta fliegen auch bei schwächerem Wind. Kasten- und Lenkdrachen können Windgeschwindigkeiten von 50 km/h und mehr vertragen.
Wählen Sie offenes Gelände für den Start des Drachens! In der Leeseite, der dem Wind abgekehrten Seite, von hohen Häusern und Bäumen gibt es Verwirbelungen, die den Start erschweren. Hohe Schornsteine und vor allem Hochspannungsleitungen gilt es zu vermeiden. Ein optimales Fluggelände ist der Strand. Bei auflandigem Wind, vom Meer zum Land, wird es kaum Schwierigkeiten machen, den Drachen aus der Hand zu starten. Denken Sie beim Steigenlassen von Drachen immer an die Sicherheit von Personen. Ein überfüllter Strand ist sicher kein idealer Startplatz. Eine über den Boden sausende Haspel kann ernsthafte Verletzungen hervorrufen.
Bei ablandigem Wind, vom Land zum Meer, sollten Sie darauf achten, wie hoch der Drachen fliegt. Schon mancher Drachen ging verloren, wenn er bei einem Leinenbruch weit auf das Meer hinausflog und in den Wellen verschwand.
Bei einem Handstart soll die Leine nicht unkontrolliert von der Haspel laufen. Lassen Sie den Drachen durch kurzzeitiges Stoppen der auslaufenden Leine immer wieder Höhe gewinnen.
Sind die Windverhältnisse in Bodennähe nicht ausreichend oder machen Bodenwirbel Ihrem Drachen zu schaffen, ist ein Hochstart erforderlich. Legen Sie 30 m Leine aus. Ein Helfer hält den Drachen gegen den Wind, und mit kurzem Anziehen der Leine bringen Sie den Drachen auf Höhe. Laufen Sie nicht ewig mit der Leine gegen den Wind, wenn die Windverhältnisse nicht ausreichend sind, hilft das auch nicht.

Falsche Waageneinstellung und Abhilfe

Drachen steigt nicht: vorderen Waagenschenkel verkürzen.
Drachen steht zu steil und fliegt unruhig: hinteren Waagenschenkel verkürzen oder Schwanz anbringen.
Drachen zieht nach einer Seite weg: 1. Drachen steht zu hart am Wind, oberen Waagenschenkel etwas verkürzen. 2. Rechter und linker Waagenschenkel sind ungleich lang.

Drachenfliegen im Team

Zum Steigenlassen von Drachenketten oder größeren Drachen ist Teamarbeit erforderlich. Auf Bali werden die bis zu 10 m großen Drachen von einem 20köpfigen Team geflogen. Dabei sind abgestimmte Aktionen und die Verständigung oberstes Gebot. Auch hier gilt es, Unfälle zu vermeiden. Um Verbrennungen zu verhindern, sollte man Lederhandschuhe tragen. Wichtig ist, daß ein erfahrener Drachenpilot die Kommandos gibt. Beim Fliegen der großen Rokkaku-Kampfdrachen ist absolute Synchronisation der Bewegungen erforderlich. Aus diesem Grund gibt bei japanischen Drachenwettkämpfen eine Trommel den Takt an, nach dem die Akteure an der Leine ziehen oder nachgeben.

Haspeln:
Der herkömmliche Holzstab, über den die Schnur in Form einer Acht aufgewickelt wird, ist auch heute noch oft im Einsatz. Mit sogenannten H- und Ringhaspeln ist ein schnelles Bergen der Drachen auch aus großer Höhe möglich. Haspeln müssen stark gebaut sein, um dem erhöhten Zug beim Einholen des Drachens standzuhalten.
Beim Bau einer Haspel ist der Durchmesser des Kerns zu beachten. Auf einen Kern mit einem großen Durchmesser kann schnell die Leine gewickelt werden, aber es ist eine größere Kraft beim Einholen erforderlich.
Fortschrittlicher ist eine Haspel, die auf dem Kern einer Fahrradnabe aufgebaut ist. Diese Haspeln sind handlich und laufen sehr leicht.

Bodenanker:
Gibt es keine andere Möglichkeit, werden Drachenleinen an Bodenankern befestigt. Bei größeren Zugkräften an zwei kreuzweise in den Boden gedrehten Ankern.

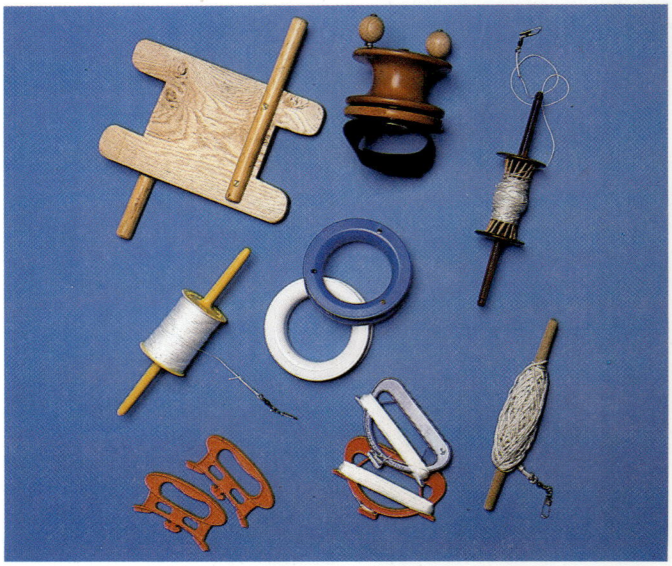

Verschiedene Haspeln

Wie fotografiere ich meinen Drachen?

Jeder Drachenbauer möchte irgendwann nach erfolgreichem Jungfernflug seinen Drachen fotografieren. Dabei stellt sich heraus, daß es nicht so einfach ist, seinen Drachen ins rechte Licht zu setzen. Die Wahl des Standortes, Bezugspunkte im Bild, Tiefenschärfe und die Belichtungszeit (wichtig für Lenkdrachen) sind variabel und sollten vor dem Auslösen der Kamera beachtet werden. Der Hamburger Drachenfotograf Bernhard Maas äußert sich zu diesem Thema:

Das Fotografieren von Drachen teile ich in zwei Gruppen: 1. Start- oder Landevorgang, 2. Flugphase.

Drachenaufnahmen am Boden sind relativ einfach. Die Entfernung und die Belichtung können vorher eingestellt werden. Ich bevorzuge bei bodennahen Aufnahmen (auch Startvorgang) Brennweiten zwischen 35 und 100 mm, während man in der Flugphase die Objekte mit Brennweiten zwischen 70 und 200 mm am besten in Szene setzen kann. Verschlußzeiten von 1/125 bis 1/1000 s sind, je nach Geschwindigkeit des Drachens und verwendetem Objektiv, erforderlich. Dabei sollte die Blende 8 oder kleiner bleiben.

Bei blauem und leicht wolkigem Himmel ist es nicht schwierig, farbbrillante Bilder zu machen. Mit einem Polfilter läßt sich dieser Effekt noch verstärken. Übertreibt man es jedoch mit dem Filtern, werden die Aufnahmen leicht stumpf.

Setzt man einen Horizont oder eine Person ins Bild, wird die Spannung erhöht.

Etwas mehr Übung erfordern da schon Aufnahmen im Gegenlicht. Will man Sonne in einem Bild zeigen, ist der Lichtwert (Blende und Zeit) im Drachen festzulegen. Manuelle Belichtungseinstellung oder Korrektur einer automatischen Kamerasteuerung ist hierfür Voraussetzung.

Drachenfestivals

Einen wesentlichen Beitrag zur Renaissance des Drachens hat die stetig wachsende Zahl der Drachenfestivals geleistet. Nicht nur in Asien und Nordamerika, auch in Europa treffen sich jährlich Tausende begeisterter Drachensportler auf den verschiedenen Festivals. Viele der in diesem Buch gezeigten Drachenfotos wurden auf der dänischen Nordseeinsel Fanø gemacht. Dort finden sich jedes Jahr zum Internationalen Drachenflieger-Treffen eine große Zahl Drachensportler ein, um gemeinsam ihre Drachen steigen zu lassen und Erfahrungen auszutauschen.

Festivaltermine (Angaben ohne Gewähr)

Januar	Singapore International Kite Festival, *Indonesien*
Ostern	Kemnadener Drachenfest
März	Int. Acrobatic and Fighting Kite Championship, Angers, *Frankreich*
April	Internationales Drachenfestival, Weifang, *China*
	Frühlingsdrachenfest »Fang den Wind«, Berlin
	Frühlingsdrachenfest Bremen
	Long Beach International Kite Festival, *USA, CA.*
Mai	Internationales Drachenfestival, *Italien*
	Hamamatsu Kite Festival, *Japan*
	Old Warden Kite Festival, *England*
	York Festival of Kites, *England*
	Drachenfest Hannover
Juni	Internationales Drachenfestival Scheveningen, *Holland*
	Internationales Kite Fliers Meeting, Fanø, *Dänemark*
	Internationales Drachenfestival, Cervia, *Italien*
	Der Kampf der Riesendrachen, Shirone, *Japan*
Juli	Drachenfest Oldenburg
	Lomba Layang – Layang International Bali, *Indonesien*
August	Drachenfest Stade
September	Drachenfestival Hannover
	Internationales Drachenfestival Berlin
	Internationales Drachenfestival Dieppe, nur alle zwei Jahre, *Frankreich*
Oktober	Internationaler Drachenflugtag für den Frieden, weltweit
	Drachenfestival Oberhausen

In Hamburg und Berlin findet jeden letzten Sonntag im Monat ein Drachenflugtag statt.

Weitere Festivaltermine sowie die Anschriften von Drachenläden sind zu erfragen beim

DRACHEN-CLUB-DEUTSCHLAND e.V.
Wandsbeker Chaussee 82
2000 Hamburg 76

Register

Im Falken-Verlag sind zahlreiche Bücher für Hobby-Bastler erschienen.
Fragen Sie Ihren Buchhändler!

CIP-Kurztitelaufnahme der Deutschen Bibliothek

Schimmelpfennig, Wolfgang:
Hobby Drachenbauen / Wolfgang Schimmelpfennig. –
Niedernhausen/Ts.: Falken-Verlag, 1987.
(Falken-Bücherei)
ISBN 3-8068-0767-1

ISBN 3 8068 0767 1

Titelfoto: Wolfgang Schimmelpfennig
Fotos: Studio G. P. Reichelt
Zeichnungen: Bernhard Maas

Satz: LibroSatz, Kriftel bei Frankfurt
Druck: Karl Neef GmbH & Co., Wittingen

817 2635 4453 6271